高职高专计算机基础教育精品教材

C语言
程序设计教程学习辅导

谭浩强　谭亦峰　金　莹／著

清华大学出版社

北京

内 容 简 介

为了帮助广大高职高专学生学习 C 语言程序设计,清华大学出版社特邀请谭浩强教授在其所著的 C 语言程序设计系列教材基础上,专门为高职学生著写了《C 语言程序设计教程》。该书概念清晰、逻辑性强,使用通俗易懂的语言清楚阐述复杂的概念,读者容易理解和学习,是一本学习 C 语言程序设计的优秀教材,已由清华大学出版社正式出版。

为了使广大读者更好地学习《C 语言程序设计教程》(有配套 MOOC),谭浩强教授特地组织著写了本书,作为《C 语言程序设计教程》(本书中将其称为主教材)的配套用书。

本书包括《C 语言程序设计教程》各章习题参考解答、对主教材内容的补充与提高、上机实践指南 3 部分内容,上机实践指南是学习《C 语言程序设计教程》的重要参考材料。

本书可作为学习 C 语言程序设计的参考用书,也可供各类计算机培训班以及其他学习 C 语言程序设计者参考使用。

图书在版编目(CIP)数据

C 语言程序设计教程学习辅导/谭浩强,谭亦峰,金莹著.—北京:清华大学出版社,2020.7(2024.8重印)
高职高专计算机基础教育精品教材
ISBN 978-7-302-55617-6

Ⅰ. ①C…　Ⅱ. ①谭… ②谭… ③金…　Ⅲ. ①C 语言－程序设计－高等职业教育－教学参考资料
Ⅳ. ①TP312.8

中国版本图书馆 CIP 数据核字(2020)第 089325 号

责任编辑:张龙卿
封面设计:范春燕
责任校对:李　梅
责任印制:丛怀宇

出版发行:清华大学出版社
　　　　网　　　址:https://www.tup.com.cn, https://www.wqxuetang.com
　　　　地　　　址:北京清华大学学研大厦 A 座　　　　　　邮　　编:100084
　　　　社 总 机:010-83470000　　　　　　　　　　　　邮　　购:010-62786544
　　　　投稿与读者服务:010-62776969,c-service@tup.tsinghua.edu.cn
　　　　质量反馈:010-62772015,zhiliang@tup.tsinghua.edu.cn
印 装 者:三河市君旺印务有限公司
经　　销:全国新华书店
开　　本:185mm×260mm　　　印　　张:16.5　　　字　　数:394 千字
版　　次:2020 年 7 月第 1 版　　　　　　　　　　　印　　次:2024 年 8 月第 4 次印刷
定　　价:49.00 元

产品编号:088708-01

前　言

　　C语言是国内外广泛使用的计算机高级语言。大多数高校都开设了"C语言程序设计"课程。作者于1991年编著了《C程序设计》，由清华大学出版社出版，该书出版后，受到了广大读者的欢迎。因其概念清晰、叙述详尽、例题丰富、深入浅出、通俗易懂，所以被大多数高校选为教材。至2019年年底，该书已多次再版，累计发行了1600万册，成为国内C语言教学的主流用书。

　　为满足许多高职院校的要求，最近作者在《C程序设计》基础上，根据高职高专教学的特点编写了《C语言程序设计教程》(ISBN 978-7-302-55616-9)一书，已由清华大学出版社正式出版，向全国发行。

　　为了配合该教材的教学，作者专门组织编写了这本《C语言程序设计教程学习辅导》，作为《C语言程序设计教程》的教学配套用书。

　　本书包括以下3个部分。

　　第一部分是《C语言程序设计教程》各章习题与参考解答。这一部分包括了《C语言程序设计教程》一书的全部程序习题的参考解答。对于相对简单的问题，只给出程序清单和运行结果，不作详细说明，给读者留下了思考的空间。对于一些比较复杂的问题，则同时给出解题思路、流程图、程序分析和说明。对有些题目，还给出了两种参考答案供读者参考和比较，以启发大家的思路。

　　这一部分包括了近100个不同类型、不同难度的程序，这些程序实际是对《C语言程序设计教程》一书例题的补充。由于篇幅和课时的限制，在主教材中只能介绍一些典型的例题。读者在学习C语言程序设计过程中，如能充分利用本书提供的习题解答，多看程序，理解不同程序的思路，将会大有裨益。

　　第二部分是对主教材内容的补充与提高。学有余力的同学可能想进一步了解更多的知识，因此作者专门编写了这一部分供程度较高的同学参考。教师也可以从中选择部分内容在课堂上讲授或指定学生自学。

　　第三部分是上机实践指南。该部分不但介绍了在Visual Studio 2010集成环境下运行C语言程序的方法、程序调试和测试的有关知识以及上机实践的要求，还介绍了用简单易用的线上编译器进行程序编译的方法，此外还安排了12个实践项目供实践教学参考。

　　希望读者能够充分利用本书提供的资源，把主教材、习题程序、上机实践、对主教材内容的补充与提高这四者有机结合,以满足深入学习 C 语言的需要。本书在一定程度上形成对不同情况学生的多层次的教学平台,可以有效提高教学质量。

本书不但可以作为《C语言程序设计教程》的参考书,而且可以作为任何 C 语言教材的参考书。本书既适用于高职院校教学,也可供自学者参考使用。

本书是在谭浩强主持下由谭浩强团队共同完成的,主要参加者为谭浩强、谭亦峰、金莹,全书主要内容由谭浩强执笔。

本书难免有错误或不足之处,希望得到广大师生的指正。

谭浩强
2020 年 4 月 1 日于清华园

目　录

第三部分　上机实践指南

第 一 部分

《C语言程序设计教程》
各章习题与参考解答

　　《C语言程序设计教程》(以下简称主教材)中每章的最后都有习题,学生在学完主教材内容后,有一些习题他们可以独立完成。另外,有一些习题需要深入学习后才能完成。教师可以根据学生的基础和学习情况,指定恰当的习题作为课后作业要求学生完成。有的读者反映,如果能独立完成全部习题,可以说C语言就过关了。

　　本书给出了主教材中全部程序题的参考解答供大家参考。这些习题内容丰富,涵盖范围广,实际上是对例题很好的补充。即使在初学阶段不可能完成全部的习题,但是在以后进行程序设计工作时,这些习题也是很有价值的参考资料。这些程序都在 VC++ 6.0 环境下运行通过。相信大多数学生是能够看懂大部分程序的。俗话说:"熟读唐诗三百首,不会作诗也会吟。"相信这些程序对于读者会有很大的启迪作用。

　　需要说明的是,本书提供的只是参考解答,而不是唯一的正确解答。对同一问题,不同的人可能编写出不同的程序,都能得到正确的结果。读者可以不受参考答案的约束,仍然可以编写出更好的程序,这样才能达到理想的学习效果。

　　我们只对稍难的程序作必要的分析与说明,对其他多数程序只提供参考程序和运行结果,不提供对程序的解释说明,给大家留下思考的空间。读者自己可以多思考分析。

第1章 主教材第1章的 习题与参考解答

1.1 上机运行本章3个例题,熟悉所用系统的上机方法与步骤。

解:略。

1.2 请参照本章例题编写一个C语言程序,输出以下信息:

```
******************************
        Very good!
******************************
```

解:

```c
#include <stdio.h>
int main()
{
  printf("******************************\n\n");
  printf("        Very  Good!\n\n");
  printf("******************************\n");
  return 0;
}
```

运行结果:

```
******************************
        Very good!
******************************
```

1.3 编写一个C语言程序,输入a、b、c 3个值,输出其中最大的值。

解:

```c
#include <stdio.h>
int main()
{
  int a,b,c,max;
  printf("Please input a,b,c:\n");
  scanf("%d,%d,%d",&a,&b,&c);
  max=a;
  if(max<b)
    max=b;
  if(max<c)
```

```
        max=c;
    printf("The largest number is %d\n",max);
    return 0;
}
```

运行结果：

```
Please input a,b,c:
18,-43,34↙
The largest number is 34
```

1.4　输入 50 个学生的学号和成绩,要求将其中成绩在 80 分以上的学生的序号和成绩立即输出。请用传统流程图表示其算法。

解：传统流程图如图 1.1 所示。

1.5　求 $1+\dfrac{1}{2}+\dfrac{1}{3}+\dfrac{1}{4}+\cdots+\dfrac{1}{99}+\dfrac{1}{100}$。请用传统流程图和结构化流程图表示其算法。

解：传统流程图如图 1.2 所示,结构化流程图如图 1.3 所示。

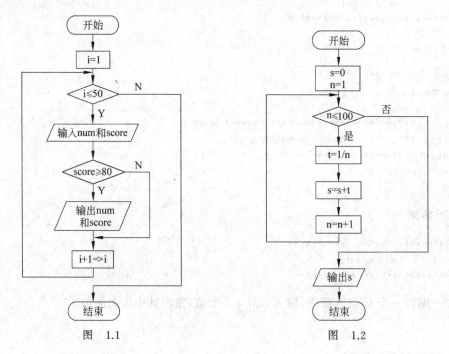

图 1.1　　　　　　　　　　图 1.2

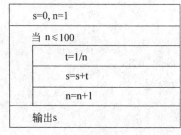

图 1.3

1.6　输入一个年份 year,判定它是否为闰年,并输出它是否为闰年的信息。请用结构化流程图表示其算法。

解:闰年的条件是符合以下二者之一:①能被 4 整除,但不能被 100 整除,如 2016。②既能被 4 整除,又能被 400 整除,如 2000(注意,能被 100 整除而不能被 400 整除的年份不是闰年,如 2100)。

N-S 流程图如图 1.4 所示。

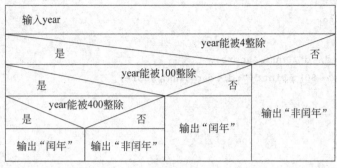

图　1.4

1.7　给出一个大于或等于 3 的正整数,判断它是不是一个素数。请用伪代码表示其算法。

解:所谓素数(prime number),是指除了 1 和它本身之外,不能被其他任何整数整除的整数。例如,17 是一个素数,因为它不能被 2~16 的任何整数整除;而 21 不是素数,因为它能被 3 和 7 整除。要判定一个整数 m 是否为素数,只要判断 m 能否被 $2 \sim m-1$ 的各整数整除,如果都除不尽,m 就是素数。用伪代码表示的算法如下:

```
begin                                      (算法开始)
input m                                    (输入 m)
i=2                                        (除数从 2 开始)
while(i<=m-1)                              (一直进行到被 m-1 除)
{
  if(m%i is equal to 0) flag=1            (如果 m 被 i 整除,使标志 flag 的值为 1)
    i=i+1                                  (i 加 1,准备下一次循环)
}
if flag is equal to 1,print m is not a prime number   (如果 flag 的值为 1,表示 m 不是素数)
else m is a prime number                  (否则 m 是素数)
end                                        (算法结束)
```

说明:用伪代码写算法时,上面右侧括号内的说明是不需要的。由于有的读者对用伪代码表示算法不太习惯,所以在此加上必要的说明。从上面可以看到,用伪代码写算法,书写灵活,格式自由,修改方便,中英文均可,它是写给人们看的(不是让计算机执行的),只要自己和别人能看懂就行。专业人员一般喜欢用伪代码,尽量写得接近计算机语言的形式,以便容易转换为源程序。

1.8 请尝试根据习题1.4的算法,用C语言编写出程序,并上机运行。

解:

```
#include <stdio.h>
int main()
{
  int i,num,score;
  i=1;
  while(i<=50)
  {
    scanf("%d,%d",&num,&score);
    if(score>=80) printf("%d,%d\n",num,score);
    i=i+1;
  }
  return 0;
}
```

1.9 请尝试根据习题1.5的算法,用C语言编写出程序,并上机运行。

解:

```
#include <stdio.h>
int main()
{
  int n;
  float sum,term;
  sum=0;
  n=1;
  while(n<=100)
  {
    term=1.0/n;              //term代表多项式中某一项的值
    sum=sum+t                //把各项累加到sum中
    n=n+1;                   //使n的值加1,准备求下一项
  }
  printf("%f\n",sum);        //输出总和
  return 0;
}
```

运行结果:

5.187378

说明: 第10行"term=1.0/n;"中的分子是1.0,表示是实数。如果写成"term=1/n;",由于在C语言中规定两个整数相除,结果是整数,因此当n>1时,1/n的值总是等于0,最后结果显然不正确。读者可以上机试验一下。关于这个问题,在学习了第2章后会进一步理解。

1.10　请尝试根据习题 1.6 的算法,用 C 语言编写出程序,并上机运行。

解:

```c
#include <stdio.h>
int main()
{
  int year;
  scanf("%d",&year);
  if(year%4==0)                                    //若 year 能被 4 整除
  {
    if(year%100==0)                                //还能被 100 整除
      if(year%400==0)                              //还能被 400 整除
        printf("%d is a leap year.\n",year);       //是闰年
      else printf("%d is not a leap year.\n",year); //不能被 400 整除的不是闰年
    else printf("%d is a leap year.\n",year);      //能被 4 整除而不能被 100 整除的是
                                                   //  闰年
  }
  else printf("%d is not a leap year.\n",year);    //不能被 4 整除的不是闰年
  return 0;
}
```

运行结果:

2100↙
2100 is not a leap year.

1.11　请尝试根据习题 1.7 的算法,用 C 语言编写出程序,并上机运行。

解:

```c
#include <stdio.h>
int main( )
{
  int m,i,flag;
  scanf("%d",&m);                                  //输入要检测的整数
  i=2;
  while(i<=m-1)
  {
    if(m%i==0) flag=1;
    i=i+1;
  }
  if(flag==1)  printf("%d is not a prime number.\n",m);
  else printf("%d is a prime number.\n",m);
  return 0;
}
```

运行结果:

17↙
17 is a prime number.

程序分析：实际上，m 不必被 $2\sim m-1$ 的全部整数去除，只要被 $2\sim\sqrt{m}$ 的全部整数去除即可。例如，为了判别 17 是否为素数，只要把 17 被 2、3、4 除即可。请读者思考是什么原因。

程序第 7 行可改为：

```
while(i<=sqrt(m))                              //sqrt 是求平方根的函数
```

如果程序中使用了 C 语言函数库中的数学函数（包括 sqrt），应在程序开头写预处理指令：

```
#include <math.h>
```

说明：第 1 章是学习 C 语言程序设计的预备知识，并未系统介绍 C 语言的语法知识以及算法和编程的知识。本章的习题，目的是使读者尽早接触算法、接触程序。习题 1.8～习题 1.11 是编程题，可能许多读者感到有些困难，我们希望读者能尝试一下，即使编写的程序有些问题也没关系，尝试可以提高对程序的兴趣，培养主动学习、善于发展知识的创造精神。如果确实编程有困难，也可以直接阅读上面的程序，能大体看懂程序就会有收获，可以为后面的学习打下较好的基础。

第2章 主教材第2章的习题与参考解答

2.1 用下面的 scanf 函数输入数据，使 a＝3，b＝7，x＝8.5，y＝71.82，c1＝'A'，c2＝'a'。在键盘上应如何输入？

```
#include <stdio.h>
int main()
{
  int a,b;
  float x,y;
  char c1,c2;
  scanf("a=%d b=%d",&a,&b);
  scanf("%f %e",&x,&y);
  scanf("%c %c",&c1,&c2);
  return 0;
}
```

解：可按以下方式在键盘上输入。

a=3 b=7↙
8.5 71.82A a↙

输出为

a=3,b=7,x=8.500000,y=71.820000,c1=A,c2=a

请注意，在给 x 和 y 输入 8.5 和 71.82 两个实数后，要紧接着输入字符 A，中间不要有空格。由于 A 是字母而不是数字，系统在遇到字母 A 时就确定输入给 y 的数值已结束。字符 A 就被送到下一个 scanf 语句的字符变量 c1 中。

如果在输入 8.5 和 71.82 两个实数后输入了空格符，会发生以下情况：

a=3 b=7↙
8.5 71.82 A a↙

这时 71.82 后面的空格字符会被 c1 读入，c2 读入字符 A。在输出 c1 时就输出空格。输出为

a=3,b=7,x=8.500000,y=71.820000,c1=,c2=A

如果在输入 8.5 和 71.82 两个实数后输入回车符，会出现以下情况：

```
a=3 b=7↙
8.5 71.82↙
A a↙
```

输出为

```
a=3,b=7,x=8.500000,y=71.820000,c1=
,c2=A
```

这时"回车"被作为一个字符送到输入缓冲区,被c1读入(实际上c1读入的是回车符的ASCII码),字符A被c2读取,所以在执行printf函数输出c1时就输出一个回车符,输出c2时就输出字符A。

在用scanf函数输入数据时往往会出现一些意想不到的情况,例如,连续输入了不同类型的数据(特别是数值型数据和字符型数据连续输入)。注意,回车符有时可能被作为一个字符读入。

读者在遇到类似情况时,上机多试验一下就可以找出规律来。

2.2　用下面的scanf函数输入数据,使a＝10,b＝20,c1='A',c2='a',x＝1.5,y＝－3.75,z＝67.8,在键盘上如何输入数据?

```
scanf("%5d%5d%c%c%f%f% * f,%f",&a,&b,&c1,&c2,&x,&y,&z);
```

解:

```
#include <stdio.h>
{
  int main()
  float x,y,z;
  char c1,c2;
  scanf("%5d%5d%c%c%f%f% * f,%f",&a,&b,&c1,&c2,&x,&y,&z);
  printf("a=%d,b=%d,c1=%c,c2=%c,x=%6.2f,y=%6.2f,z=%6.2f\n",a,b,c1,c2,x,y,z);
  return 0;
}
```

运行结果:

```
␣␣␣10␣␣␣20Aa1.5 -3.75␣2.5,67.8↙           (此行为输入的数据)
a=10,b=20,c1=A,c2=a,x=␣␣1.50,y=␣-3.75,z=␣67.80 (此行为输出)
```

说明:按%5d格式的要求输入a与b的值时,先输入3个空格␣,然后再输入10和20。%*f中的*用来禁止向变量赋值,在输入时随意输入一个实数2.5,该值不会赋给任何变量。

2.3　输入一个华氏温度,要求输出摄氏温度。公式为

$$C = \frac{5}{9}(F - 32)$$

输出要有文字说明,取2位小数。

解：

```c
#include <stdio.h>
int main()
{
    float c,f;
    printf("请输入一个华氏温度:");
    scanf("%f",&f);
    c=(5.0/9.0)*(f-32);        //注意 5 和 9 要用实数型表示。如果用整数型表示,5/9 的值为 0
    printf("摄氏温度为:%5.2f\n",c);
    return 0;
}
```

运行结果：

请输入一个华氏温度:91↙
摄氏温度为:32.78

2.4　设圆半径 r 为 1.5,圆柱高 h 为 3,求圆周长、圆面积、圆球表面积、圆球体积、圆柱体积,用 scanf 函数输入数据,输出计算结果。输出时要求有文字说明,取小数点后 2 位数字。请编写程序。

解：

```c
#include <stdio.h>
int main()
{
    float h,r,l,s,sq,vq,vz;
    float pi=3.141526;
    printf("请输入圆半径 r,圆柱高 h:");
    scanf("%f,%f",&r,&h);                   //要求输入圆半径 r 和圆柱高 h .
    l=2*pi*r;                               //计算圆周长 l
    s=r*r*pi;                               //计算圆面积 s
    sq=4*pi*r*r;                            //计算圆球表面积 sq
    vq=3.0/4.0*pi*r*r*r;                    //计算圆球体积 vq
    vz=pi*r*r*h;                            //计算圆柱体积 vz
    printf("圆周长为:      l=%6.2f\n",l);
    printf("圆面积为:      s=%6.2f\n",s);
    printf("圆球表面积为:  sq=%6.2f\n",sq);
    printf("圆球体积为:    v=%6.2f\n",vq);
    printf("圆柱体积为:    vz=%6.2f\n",vz);
    return 0;
}
```

运行结果：

请输入圆半径 r,圆柱高 h:1.5,3↙
圆周长为: l= 9.42
圆面积为: s= 7.07

圆球表面积为： sq=28.27

圆球体积为： v= 7.95

圆柱体积为： vz=21.21

提示：如果用 Visual C++ 6.0 中文版对程序进行编译，在程序中可以使用中文字符串。在输出时也能显示汉字。如果用无中文显示功能的编译系统，则无法使用中文字符串，读者可以改用英文字符串。

2.5 假如我国国民生产总值的年增长率为 6.5%，计算 10 年后我国国民生产总值是现在的多少倍。

解：计算公式如下。

$$p = 100 \times (1+r)^n$$

式中，r 为年增长率；n 为年数；p 为与现在相比的百分比。

求幂可以使用 C 语言编译系统提供的 pow 函数，见主教材附录 C。用 $pow(x,y)$ 求解 x 的 y 次方。在使用此函数时，要在程序开头加 #include <math.h>。

程序如下：

```c
#include <stdio.h>
#include <math.h>
int main ()
{
    float p,r,n;
    p=100;
    r=0.065;
    n=10;
    p=p * pow(1+r,n);          //求 (1+r) 的 n 次方
    printf("p=%f\n",p);
    return 0;
}
```

运行结果：

p=187.713747

2.6 存款利息的计算。有 1000 元，想存 5 年，有以下 5 种方法。

(1) 一次存 5 年期。

(2) 先存 2 年期，到期后将本息一起再存 3 年。

(3) 先存 3 年期，到期后将本息一起再存 2 年。

(4) 存 1 年期，到期后将本息一起再存 1 年期，连续存 5 次。

(5) 存活期存款。活期利息每一季度结算一次。

某年银行存款年利率如下：1 年期定期存款年利率为 1.75%；2 年期定期存款年利率为 2.25%；3 年期定期存款年利率为 2.35%；5 年期定期存款年利率为 2.75%；活期存款年利率为 0.31%（活期存款每一季度结算一次利息）。

如果 r 为年利率，n 为存款年数，计算本息和 P 的公式为

1 年定期本息和：$P = 1000 \times (1+r)$。

n 年定期本息和：$P=1000\times(1+n\times r)$。

存 n 次一年期的本息和：$P=1000\times(1+r)^n$。

活期存款本息和：$P=1000\times\left(1+\dfrac{r}{4}\right)^{4n}$。

提示：$1000\times\left(1+\dfrac{r}{4}\right)$ 是一个季度的本息和。

解：设 5 年期存款的年利率为 $r5$，3 年期存款的年利率为 $r3$，2 年期存款的年利率为 $r2$，1 年期存款的年利率为 $r1$，活期存款的年利率为 $r0$。

假设：本金为 p，按第 1 种方法存款 5 年得到的本息和为 $p1$；按第 2 种方法存款 5 年得到的本息和为 $p2$；按第 3 种方法存款 5 年得到的本息和为 $p3$；按第 4 种方法存款 5 年得到的本息和为 $p4$；按第 5 种方法存款 5 年得到的本息和为 5。

程序如下：

```
#include <stdio.h>
#include <math.h>
int main()
{
    float r5,r3,r2,r1,r0,p,p1,p2,p3,p4,p5;
    p=1000;
    r5=0.0275;
    r3=0.0235;
    r2=0.0225;
    r1=0.0175;
    r0=0.0031;
    p1=p * (1+5 * r5);
    p2=p * (1+2 * r2) * (1+3 * r3);
    p3=p * (1+3 * r3) * (1+2 * r2);
    p4=p * pow(1+r1,5);
    p5=p * pow(1+r0/4,4 * 5);
    printf("p1=%8.2f\n",p1);
    printf("p2=%8.2f\n",p2);
    printf("p3=%8.2f\n",p3);
    printf("p4=%8.2f\n",p4);
    printf("p5=%8.2f\n",p1);
    printf("p1=%8.2f\n",p5);
    return 0;
}
```

运行结果：

```
p1=1137.50            (一次存 5 年期)
p2=1118.67            (先存 2 年期,到期后将本息一起再存 3 年期)
p3=1118.67            (先存 3 年期,到期后将本息一起再存 2 年期)
p4=1090.62            (存 1 年期,到期后将本息一起再存 1 年期,连续存 5 次)
p5=1022.69            (存活期存款。活期利息每一季度结算一次)
```

13

2.7 从银行贷了一笔款 d ,准备每月还款额为 p ,月利率为 r ,计算多少个月能还清贷款。设 d 为 300 000 元, p 为 6000 元, r 为 1%。对求得的月份取小数点后一位,对第二位按四舍五入处理。

提示：计算还清月数 m 的公式如下。

$$m = \frac{\log p - \log(p - d \times r)}{\log(1 + r)}$$

可以将公式改写为

$$m = \frac{\log\left(\dfrac{p}{p - d \times r}\right)}{\log(1 + r)}$$

C 语言的库函数中有求对数的函数 log10,是求以 10 为底的对数,用 C 语言函数 log10(p) 可以表示 $\log p$ 。

解：根据以上公式可以很容易写出以下程序。

```c
#include <stdio.h>
#include <math.h>
int main()
{
  float d=300000,p=6000,r=0.01,m;
  m=log10(p/(p-d*r))/log10(1+r);
  printf("m=%6.1f\n",m);
  return 0;
}
```

运行结果：

```
m=   69.7
```

即需要 69.7 个月才能还清贷款。为了验证对第二位小数是否已按四舍五入处理,可以将程序第 7 行中的"%6.1f"改为"%6.2f"。此时的输出为

```
m=   69.66
```

可知前面的输出结果已将第二位小数按四舍五入处理。

2.8 请编写程序将 China 译成密码,密码规则是：用原来的字母后面第 4 个字母代替原字母。例如,字母 A 后面第 4 个字母是 E,用 E 代替 A。因此,China 应译为 Glmre。请编写一个程序,用赋初值的方法使 c1、c2、c3、c4、c5 这 5 个变量的值分别为'C'、'h'、'i'、'n'、'a'。经过运算,使 c1、c2、c3、c4、c5 的值分别变为'G'、'l'、'm'、'r'、'e',并输出。

解：

```c
#include <stdio.h>
void main()
{
  char c1='C',c2='h',c3='i',c4='n',c5='a';
  c1=c1+4;
  c2=c2+4;
```

```
c3=c3+4;
c4=c4+4;
c5=c5+4;
printf("password is %c%c%c%c%c\n",c1,c2,c3,c4,c5);
}
```

运行结果：

password is Glmre

程序分析：程序运行得到的结果是正确的，但是如果原来的 5 个字母是 While，从 ASCII 代码表可以看到'W'＋4 所对应的字符是"["，While 的密码是"[lmpi"，出现了非字母的字符。可能有些人希望密码仍然是字母，这样就需要改变密码规则为：把字母 W(w) 转换成 A(a)，X(x) 转换成 B(b)，Y(y) 转换成 C(c)，Z(z) 转换成 D(d)。这样就会输出"Almpi"。请思考程序应当怎样修改，可参考主教材第 4 章的例 4.10。

第3章 主教材第3章的
习题与参考解答

3.1 写出下面各逻辑表达式的值。设 a＝3,b＝4,c＝5。

(1) a＋b＞c && b＝＝c

(2) a||b＋c && b－c

(3) !(a＞b) && !c||1

(4) !(x＝a) && (y＝b) && 0

(5) !(a＋b)＋c－1 && b＋c/2

解：

(1) 0

(2) 1

(3) 1

(4) 0

(5) 1

3.2 有 3 个整数 a、b、c,由键盘输入,输出其中最大的数,请编写程序。

解：

方法一 N-S 流程图如图 3.1 所示。

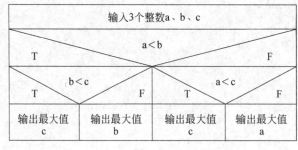

图 3.1

程序如下：

```
#include <stdio.h>
int main()
{
  int a,b,c;
  printf("请输入 3 个整数:");
```

```
    scanf("%d,%d,%d",&a,&b,&c);
    if(a<b)
      if(b<c)
        printf("max=%d\n",c);
      else
        printf("max=%d\n",b);
    else if(a<c)
      printf("max=%d\n",c);
    else
      printf("max=%d\n",a);
    return 0;
}
```

运行结果：

请输入 3 个整数：12, 34, 9↙
max=34

方法二　使用条件表达式可以使程序更加简明、清晰。有关"条件表达式"可参阅本书第 12 章。

```
#include <stdio.h>
int main()
{
  int a,b,c,temp,max;
  printf("请输入 3 个整数:");
  scanf("%d,%d,%d",&a,&b,&c);
  temp=(a>b)?a:b;              //将 a 和 b 中的大者存入 temp 中
  max=(temp>c)?temp:c;        //将 a 和 b 中的大者与 c 比较,取最大者
  printf("3 个整数的最大数是%d\n",max);
  return 0;
}
```

运行结果：

请输入 3 个整数：12, 34, 9↙
3 个整数的最大数是 34

3.3　有一个函数：

$$y=\begin{cases} x & (x<1) \\ 2x-1 & (1\leqslant x<10) \\ 3x-11 & (x\geqslant10) \end{cases}$$

编写程序，输入 x 值，输出 y 值。

解：

```
#include <stdio.h>
int main()
{
```

```
int x,y;
printf("输入 x:");
scanf("%d",&x);
if(x<1)                          //x<1
{
  y=x;
  printf("x=%3d,y=x=%d\n",x,y);
}
else if(x<10)                    //1=<x<10
{
  y=2*x-1;
  printf("x=%d,   y=2*x-1=%d\n",x,y);
}
else                             //x>=10
{
  y=3*x-11;
  printf("x=%d,y=3*x-11=%d\n",x,y);
}
return 0;
}
```

运行结果：

① 输入 x: 4↙
   x=4, y=2*x-1=7
② 输入 x: -1↙
   x=-1, y=x=-1
③ 输入 x: 20↙
   x=20, y=3*x-11=49

3.4　给出一个百分制成绩,要求输出成绩等级 A、B、C、D、E。90 分以上为 A,80～89 分为 B,70～79 分为 C,60～69 分为 D,60 分以下为 E。

解：

```
#include <stdio.h>
int main()
{
  float score;
  char grade;
  printf("请输入学生成绩:");
  scanf("%f",&score);
  while(score>100||score<0)
  {
    printf("\n 输入有误,请重新输入");
    scanf("%f",&score);
  }
  switch((int)(score/10))
```

```
{
    case 10:
    case 9: grade='A';break;
    case 8: grade='B';break;
    case 7: grade='C';break;
    case 6: grade='D';break;
    case 5:
    case 4:
    case 3:
    case 2:
    case 1:
    case 0: grade='E';
  }
  printf("成绩是%5.1f,相应的等级是%c.\n ",score,grade);
  return 0;
}
```

运行结果:

① 请输入学生成绩:90.5↙
　　成绩是 90.5,相应的等级是 A。
② 请输入学生成绩:59↙
　　成绩是 59.0,相应的等级是 E。

说明:对输入的数据进行检查,如小于 0 或大于 100,要求重新输入。(int)(score/10) 的作用是将"score/10"的值进行强制类型转换,得到一个整型值。例如,当 score 的值为 78 时,(int)(score/10) 的值为 7。然后在 switch 语句中执行 case 7 中的语句,使 grade='C'。

3.5　给出一个不多于 5 位的正整数,要求:
① 求出它是几位数;
② 分别输出每一位数字;
③ 按逆序输出各位数字,例如原数为 321,应输出 123。

解:

```
#include <stdio.h>
#include <math.h>
int main()
{
  long int num;
  int indiv,ten,hundred,thousand,ten_thousand,place;
                        //分别代表个位、十位、百位、千位、万位和位数
  printf("请输入一个整数(0-99999):");
  scanf("%ld",&num);
  if(num>9999)
    place=5;
  else if(num>999)
    place=4;
```

```
    else if(num>99)
      place=3;
    else if(num>9)
      place=2;
    else place=1;
    printf("位数:%d\n",place);
    printf("每位数字为:");
    ten_thousand=num/10000;
    thousand=(int)(num-ten_thousand*10000)/1000;
    hundred=(int)(num-ten_thousand*10000-thousand*1000)/100;
    ten=(int)(num-ten_thousand*10000-thousand*1000-hundred*100)/10;
    indiv=(int)(num-ten_thousand*10000-thousand*1000-hundred*100-ten*10);
    switch(place)
    {
        case 5: printf("%d,%d,%d,%d,%d",ten_thousand,thousand,hundred,ten,
          indiv);
          printf("\n反序数字为:");
          printf("%d%d%d%d%d\n",indiv,ten,hundred,thousand,ten_thousand);
          break;
        case 4:printf("%d,%d,%d,%d",thousand,hundred,ten,indiv);
          printf("\n反序数字为:");
          printf("%d%d%d%d\n",indiv,ten,hundred,thousand);
          break;
        case 3:printf("%d,%d,%d",hundred,ten,indiv);
          printf("\n反序数字为:");
          printf("%d%d%d\n",indiv,ten,hundred);
          break;
        case 2:printf("%d,%d",ten,indiv);
          printf("\n反序数字为:");
          printf("%d%d\n",indiv,ten);
          break;
        case 1:printf("%d",indiv);
          printf("\n反序数字为:");
          printf("%d\n",indiv);
          break;
    }
    return 0;
}
```

运行结果:

请输入一个整数(0-99999):98423↙
位数:5
每位数字为:9,8,4,2,3
反序数字为:32489

3.6　企业发放的奖金根据利润提成。利润 i 低于或等于 100 000 元时,奖金可提 10％;利润高于 100 000 元且低于 200 000 元(100 000＜i≤200 000)时,低于 100 000 元的部分按 10％提成,高于 100 000 元的部分,可按 7.5％提成;200 000＜i≤400 000 时,低于 200 000 元的部分仍按上述办法提成(下同),高于 200 000 元的部分按 5％提成;400 000＜i≤600 000 元时,高于 400 000 元的部分按 3％提成;600 000＜i≤1 000 000 时,高于 600 000 元的部分按 1.5％提成;i＞1 000 000 时,超过 1 000 000 元的部分按 1％提成。从键盘输入当月利润 i,求应发奖金总数。要求:

(1) 用 if 语句编写程序。

(2) 用 switch 语句编写程序。

解:

(1) 用 if 语句编写程序。

```c
#include <stdio.h>
int main()
{
  long i;
  double bonus,bon1,bon2,bon4,bon6,bon10;
  bon1=100000 * 0.1;
  bon2=bon1+100000 * 0.075;
  bon4=bon2+100000 * 0.05;
  bon6=bon4+100000 * 0.03;
  bon10=bon6+400000 * 0.015;
  printf("Please enter i:");
  scanf("%ld",&i);
  if(i<=100000)
    bonus=i * 0.1;
  else if(i<=200000)
    bonus=bon1+(i-100000) * 0.075;
  else if(i<=400000)
    bonus=bon2+(i-200000) * 0.05;
  else if(i<=600000)
    bonus=bon4+(i-400000) * 0.03;
  else if(i<=1000000)
    bonus=bon6+(i-600000) * 0.015;
  else
    bonus=bon10+(i-1000000) * 0.01;
  printf("Bonus is %10.2f\n",bonus);
  return 0;
}
```

运行结果:

```
Please enter i:234000↙        (输入利润 i)
Bonus is   19200.00           (输出奖金)
```

21

此题的关键在于正确写出每一区间的奖金计算公式。

例如,利润在 10 万元至 20 万元时,奖金应由两部分组成: ①利润为 10 万元时应得的奖金,即 10 万元×0.1; ②10 万元以上部分应得的奖金,即(num－10 万元)×0.075。

同理,20 万～40 万元这个区间的奖金也应由两部分组成: ①利润为 20 万元时应得的奖金,即 10 万元×0.1＋10 万元×0.075; ②20 万元以上部分应得的奖金,即(num－20 万元)×0.05。

只要先把 10 万元、20 万元、40 万元、60 万元、100 万元各关键点的奖金计算出来,即 bon1、bon2、bon4、bon6、bon10,然后再加上各区间附加部分的奖金即可。

(2) 用 switch 语句编写程序。N-S 流程图如图 3.2 所示。

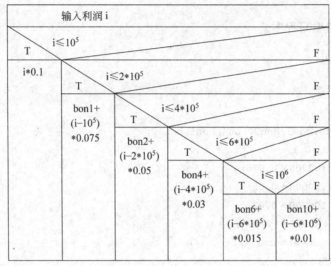

图　3.2

程序如下:

```c
#include <stdio.h>
int main()
{
    long i;
    double bonus,bon1,bon2,bon4,bon6,bon10;
    int branch;
    bon1=100000 * 0.1;
    bon2=bon1+100000 * 0.075;
    bon4=bon2+200000 * 0.05;
    bon6=bon4+200000 * 0.03;
    bon10=bon6+400000 * 0.015;
    printf("Please enter i:");
    scanf("%ld",&i);
    branch=i/100000;
    if(branch>10)   branch=10;
    switch(branch)
```

```
{
    case 0:bonus=i * 0.1;break;
    case 1:bonus=bon1+(i-100000) * 0.075;break;
    case 2:
    case 3: bonus=bon2+(i-200000) * 0.05;break;
    case 4:
    case 5: bonus=bon4+(i-400000) * 0.03;break;
    case 6:
    case 7:
    case 8:
    case 9: bonus=bon6+(i-600000) * 0.015;break;
    case 10: bonus=bon10+(i-1000000) * 0.01;
}
    printf("Bonus is %10.2f\n",bonus);
    return 0;
}
```

运行结果：

```
Please enter i:156890↙
Bonus is   14266.75
```

3.7　输入 4 个整数，要求按由小到大的顺序输出。

解：此题采用依次比较的方法排出其大小顺序。在学习了循环和数组以后，可以掌握更多的排序方法。

程序如下：

```
#include <stdio.h>
int main()
{
    int t,a,b,c,d;
    printf("请输入 4 个数:");
    scanf("%d,%d,%d,%d",&a,&b,&c,&d);
    printf("a=%d,b=%d,c=%d,d=%d\n",a,b,c,d);
    if(a>b)
      {t=a;a=b;b=t;}
    if(a>c)
      {t=a;a=c;c=t;}
    if(a>d)
      {t=a;a=d;d=t;}
    if(b>c)
      {t=b;b=c;c=t;}
    if(b>d)
      {t=b;b=d;d=t;}
    if(c>d)
      {t=c;c=d;d=t;}
    printf("排序结果如下:\n");
```

```
    printf("%d  %d  %d  %d \n",a,b,c,d);
    return 0;
}
```

运行结果：

请输入 4 个数：6,8,1,4↙
a=6,b=8,c=1,d=4

排序结果如下：

1 4 6 8

3.8　有 4 个圆塔，圆心分别为 $(2,2)$、$(-2,2)$、$(-2,-2)$、$(2,-2)$，圆半径为 1m，如图 3.3 所示。这 4 个圆塔的高度为 10m，塔外无建筑物。今输入任一点的坐标，求该点的建筑物高度(塔外的高度为零)。

解：N-S 流程图如图 3.4 所示。

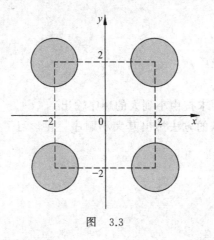

图　3.3

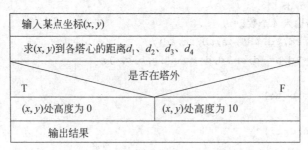

图　3.4

程序如下：

```
#include <stdio.h>
int main()
{
    int h=10;
    float x1=2,y1=2,x2=-2,y2=2,x3=-2,y3=-2,x4=2,y4=-2,x,y,d1,d2,d3,d4;
```

```
    printf("请输入一个点(x,y):");
    scanf("%f,%f",&x,&y);
    d1=(x-x4)*(x-x4)+(y-y4)*(y-y4);              //求该点到各中心点的距离
    d2=(x-x1)*(x-x1)+(y-y1)*(y-y1);
    d3=(x-x2)*(x-x2)+(y-y2)*(y-y2);
    d4=(x-x3)*(x-x3)+(y-y3)*(y-y3);
    if(d1>1 && d2>1 && d3>1 && d4>1)  h=0;        //判断该点是否在塔外
    printf("该点高度为 %d\n",h);
    return 0;
}
```

运行结果：

① 请输入一个点(x,y)：　0.5,0.7↙
　该点高度为 0
② 请输入一个点(x,y)：　2.1,2.3↙
　该点高度为 10

第4章　主教材第4章的习题与参考解答

4.1　统计单位所有人员的平均工资。单位的人数不固定,工资数从键盘输入,当输入
-1时表示输入结束(前面输入的是有效数据)。

解:

```c
#include <stdio.h>
int main()
{
  float pay,sum=0,aver;
  int i=0;
  scanf("%f",&pay);                        //输入一位员工的工资
  while(pay!=-1)                           //当输入的工资不等于-1
  {
    sum=sum +pay;                          //把输入的工资累加到 sum 中
    i++;                                   //人数加 1
    scanf("%f",&pay);                      //再输入一位员工的工资
  }
  aver=sum/i;                              //计算平均工资
  printf("average pay is:%8.2f\n",aver);   //输出平均工资
  return 0;
}
```

运行结果:

4234✔
6567.89✔
11456.98✔
-1✔
average pay is:7419.62

4.2　一个单位下设3个班组,每个班组人数不固定,需要统计每个班组的平均工资。
分别输入3个班组所有职工的工资,当输入-1时表示该班组的输入结束。输出各班组号
和该班组的平均工资。

解:在习题4.1的基础上再加一个外循环,用来处理3个班组的平均工资。

```c
#include <stdio.h>
int main()
```

```
{
    float pay,sum,aver,total=0;
    int i,n;
    for(n=1;n<=3;n++)                          //执行 3 次循环
    {
        i=0;
        scanf("%f",&pay);
        sum=0;
        while(pay!=-1)
        {
            sum=sum+pay;
            i++;
            scanf("%f",&pay);
        }
        aver=sum/i;                            //计算序号为 i 的班组的平均工资
        printf("group %d,average pay is:%8.2f\n",n,aver);     //输出此班组的平均工资
        total=total+aver;                      //把本班组平均工资累加到 total 中
    }
    printf("The average of all group is %8.2f\n",total/(n-1));//输出平均工资
    return 0;
}
```

运行结果：

```
1567.87
3421.8
-1
group 1,average pay is: 2494.83
2234.65
2346.9
-1
group 2,average pay is: 2290.77
3563.7
5411.76
-1
group 3,average pay is: 4487.73
The average of all group is 3091.11
```

说明：为了节约篇幅，设每班组只有 2 人。注意在执行完 for 循环后，n 的值是 4，因此在最后输出平均工资时，应将 total 除以 $(n-1)$，而不是除以 4。

4.3　公元 5 世纪末，我国古代数学家张丘建在他编写的《算经》里提出了百鸡问题："鸡翁一，值钱五；鸡母一，值钱三；鸡雏三，值钱一。百钱买百鸡，问鸡翁、母、雏各几何？"改成白话文为："公鸡每只 5 元，母鸡每只 3 元，小鸡 3 只 1 元。想用 100 元买 100 只鸡，问公鸡、母鸡、小鸡各应买多少只？"

解：根据题意，公鸡最多能买 20 只，母鸡最多能买 33 只，小鸡最多能买 300 只，小鸡的

数目应是 3 的倍数。可以用穷举法检测所有可能的组合。

方法一 用穷举法把所有可能的组合逐个进行检测,把符合要求的筛选出来。

```c
#include <stdio.h>
int main()
{
  int x,y,z,money;
  printf("    cocks    hens  chicks\n");
  for(x=0;x<20;x++)
    for(y=0;y<34;y++)
      for(z=0;z<100;z=z+3)
      {
        money=5*x+3*y+z/3;
          if(x+y+z==100 && money==100)
            {printf("%9d%9d%9d\n",x,y,z);}
      }
  return 0;
}
```

运行结果:

cocks	hens	chichs
0	25	75
4	18	78
8	11	81
12	8	84

说明:一共有 4 种可能方案经验证结果是正确的。程序用了 3 个 for 循环,把在允许范围内的每一个 x、y、z 组合都进行了测试。

方法二 利用 $x+y+z=100$ 的前提,不必对所有 x、y、z 的组合都进行测试,只需测试满足 $x+y+z=100$ 条件的组合是否满足总款为 100 元即可。

```c
#include <stdio.h>
int main()
{
  int x,y,z,money;
  printf("    cocks    hens  chicks\n");
  for(x=0;x<=20;x++)
    for(y=0;y<34;y++)
    {
      z=100-x-y;        //只对符合此条件的 z 值进行测试
      if(z%3==0)        //只对能被 3 整除的 z 值进行测试
      {
        money=5*x+3*y+z/3;
        if(money==100)
          printf("%9d%9d%9d\n",x,y,z);
      }
    }
}
```

```
    return 0;
}
```

运行结果同上。注意程序第 9 行不是对每一个 z 值都进行测试,而是只考虑符合 $x+y+z=100$ 条件的值(即 $z=100-x-y$)。此方法比方法一少用了一个 for 循环,穷举的次数少一些。

请注意,程序第 10 行"if(z%3==0)"中,"%"是求余运算符,"z%3"的值是 z 被 3 除的余数。如果 z%3 等于 0,表示 z 被 3 整除。请读者考虑为什么要做此项检查,没有它会产生什么结果。可上机试验一下。

方法三　再次减少循环的次数。利用数学知识,根据题意,可以列出下面的方程式:

$$5x+3y+\frac{z}{3}=100 \qquad\qquad ①$$

$$x+y+z=100 \qquad\qquad ②$$

由式①和式②可导出:

$$7x+4y=100 \qquad\qquad ③$$

即

$$y=(100-7x)\div4 \qquad\qquad ④$$

根据式④编程如下。

```
#include <stdio.h>
int main()
{
    int x,y,z;
    printf("   cocks   hens chicks\n");
    for(x=0;x<=20;x++)
    {
        y=(100-7*x)/4;
        if((100-7*x)%4==0 && y>0)
        {
            z=100-x-y;
            if(z%3==0)
                printf("%9d%9d%9d\n",x,y,z);
        }
    }
    return 0;
}
```

此程序只用了一个 for 循环,执行了 21 次循环就得到了结果。

4.4　猴子第 1 天摘下若干个桃子,当即吃了一半,还不过瘾,又多吃了一个。第 2 天早上又将剩下的桃子吃掉一半,又多吃了一个。以后每天早上都吃掉前一天剩下的一半零一个。到第 10 天早上只剩一个桃子了。问第 1 天摘了多少个桃子?

解:

```
#include <stdio.h>
```

```
int main()
{
  int day,x1,x2;
  day=9;
  x2=1;
  while(day>0)
  {
    x1=(x2+1) * 2;                    //第 1 天的桃子是第 2 天的桃子加 1 后的 2 倍
    x2=x1;
    day--;
  }
  printf("total=%d\n",x1);
  return 0;
}
```

运行结果：

```
total=1543
```

4.5 输入两个正整数 m 和 n，求其最大公约数和最小公倍数。

解：

```
#include <stdio.h>
int main()
{
  int p,r,n,m,temp;
  printf("请输入两个正整数 n,m:");
  scanf("%d,%d,",&n,&m);
  if(n<m)
  {
    temp=n;
    n=m;
    m=temp;
  }
  p=n * m;
  while(m!=0)
  {
    r=n%m;
    n=m;
    m=r;
  }
  printf("它们的最大公约数为:%d\n",n);
  printf("它们的最小公倍数为:%d\n",p/n);
  return 0;
}
```

运行结果：

请输入两个正整数 n,m:35,49

它们的最大公约数为:7
它们的最小公倍数为:245

4.6　输入一行字符,分别统计出其中的英文字母、空格、数字和其他字符的个数。

解:

```
#include <stdio.h>
int main()
{
  char c;
  int letters=0,space=0,digit=0,other=0;
  printf("请输入一行字符:\n");
  while((c=getchar())!='\n')
  {
    if(c>='a' && c<='z' || c>='A' && c<='Z')
        letters++;
    else if(c==' ')
        space++;
    else if(c>='0' && c<='9')
        digit++;
    else
        other++;
  }
  printf("字母数:%d\n 空格数:%d\n 数字数:%d\n 其他字符数:%d\n",
                letters,space,digit,other);
  return 0;
}
```

运行结果:

请输入一行字符:

I am a student.
字母数:11
空格数:3
数字数:0
其他字符数:1

4.7　求 $\sum\limits_{n=1}^{20} n!$(即求 $1!+2!+3!+4!+\cdots+20!$)。

解:

```
#include <stdio.h>
int main()
{
  double s=0,t=1;
  int n;
  for(n=1;n<=20;n++)
```

```
    {
      t=t * n;
      s=s+t;
    }
    printf("1!+2!+...+20!=%22.15e\n",s);
    return 0;
}
```

运行结果：

```
1!+2!+...+20!=2.561327494111820e+018
```

注意：s 不能定义为 int 型或 long 型，因为如果使用 VC++ , int 型和 long 型数据在内存中都占 4 个字节，数据的范围为 −21 亿～21 亿，无法容纳求得的结果，所以将 s 定义为 double 型，可以得到更高的精度。在输出时，用 22.15e 格式，使数据宽度为 22，数字部分中小数位数为 15 位。

4.8 输出 3 位数中所有的"水仙花数"。所谓"水仙花数"，是指一个 3 位数，其各位数字立方和等于该数本身。例如，153 就是一个水仙花数，因为 $153 = 1^3 + 5^3 + 3^3$。

解：

```
#include <stdio.h>
int main()
{
    int i,j,k,n;
    printf("Parcissus numbers are ");
    for(n=100;n<1000;n++)
    {
      i=n/100;
      j=n/10-i * 10;
      k=n%10;
      if(n==i * i * i +j * j * j +k * k * k)
        printf("%d ",n);
    }
    printf("\n");
    return 0;
}
```

运行结果：

```
Parcissus numbers are 153 370 371 407
```

说明：本题使用穷举法对所有 3 位数一一进行测试，找出其中符合"水仙花数"条件的数。穷举法是最"笨"的方法，也是没有别的方法时使用的方法。从 100～999 共有 899 个 3 位数。由于计算机的速度很快，所以使用穷举法并不需要很长时间。

4.9 一个数如果恰好等于它的因子之和，这个数就称为完美数。例如，6 的因子为 1、2、3，而 6＝1＋2＋3，因此 6 是完美数。编写程序找出 1000 之内的所有完美数，并按下面格式输出其因子：

6 : its factors are 1,2,3.

解:

方法一

```c
#include <stdio.h>
int main()
{
  int k1,k2,k3,k4,k5,k6,k7,k8,k9,k10;
  int i,a,n,s;
  for(a=2;a<=1000;a++)          //a 是 2~1000 的整数,检查它是否为完美数
  {
    n=0;                        //n 用来累计 a 的因子个数
    s=a;                        //s 用来存放尚未求出的因子之和,开始时等于 a
    for(i=1;i<a;i++)            //检查 i 是否为 a 的因子
      if(a%i==0)                //如果 i 是 a 的因子
      {
        n++;                    //n 加 1,表示新找到一个因子
        s=s-i;                  //s 减去已找到的因子,s 的新值是尚未求出的因子之和
        switch(n)              //将找到的因子赋给 k1…k10
        {
          case 1:
            k1=i;  break;       //找出的第 1 个因子赋给 k1
          case 2:
            k2=i;  break;       //找出的第 2 个因子赋给 k2
          case 3:
            k3=i;  break;       //找出的第 3 个因子赋给 k3
          case 4:
            k4=i;  break;       //找出的第 4 个因子赋给 k4
          case 5:
            k5=i;  break;       //找出的第 5 个因子赋给 k5
          case 6:
            k6=i;  break;       //找出的第 6 个因子赋给 k6
          case 7:
            k7=i;  break;       //找出的第 7 个因子赋给 k7
          case 8:
            k8=i;  break;       //找出的第 8 个因子赋给 k8
          case 9:
            k9=i;  break;       //找出的第 9 个因子赋给 k9
          case 10:
            k10=i;  break;      //找出的第 10 个因子赋给 k10
        }
      }
    if(s==0)
    {
      printf("%d,its factors are ",a);
```

```
        if(n>1)   printf("%d,%d",k1,k2);    //n>1 表示 a 至少有 2 个因子
        if(n>2)   printf(",%d",k3);   //n>2 表示 a 至少有 3 个因子,故应再输出一个因子
        if(n>3)   printf(",%d",k4);   //n>3 表示 a 至少有 4 个因子,故应再输出一个因子
        if(n>4)   printf(",%d",k5);   //以下类似
        if(n>5)   printf(",%d",k6);
        if(n>6)   printf(",%d",k7);
        if(n>7)   printf(",%d",k8);
        if(n>8)   printf(",%d",k9);
        if(n>9)   printf(",%d",k10);
        printf("\n");
      }
   }
   return 0;
}
```

运行结果:

6, its factors are 1,2,3
28, its factors are 1,2,4,7,14
496, its factors are 1,2,4,8,16,31,62,124,248
(一共找到 3 个完美数)

方法二

```
#include <stdio.h>
int main()
{
    int m,s,i;
    for(m=2;m<1000;m++)
    {
      s=0;
      for(i=1;i<m;i++)
        if((m%i)==0) s=s+i;
      if(s==m)
      {
          printf("%d,its factors are ",m);
          for(i=1;i<m;i++)
            if(m%i==0) printf("%d ",i);
          printf("\n");
      }
    }
    return 0;
}
```

运行结果:

6, its factors are 1,2,3
28, its factors are 1,2,4,7,14

496, its factors are 1,2,4,8,16,31,62,124,248

4.10 一个球从100m高度自由落下,每次落地后反弹回原高度的一半;再落下,再反弹。求它在第10次落地时共经过了多少m? 第10次反弹多少m?

解:

```
#include <stdio.h>
int main()
{
  double sn=100,hn=sn/2;
  int n;
  for(n=2;n<=10;n++)
  {
    sn=sn+2*hn;                   //第 n 次落地时共经过的米数
    hn=hn/2;                      //第 n 次反弹的高度
  }
  printf("第 10 次落地时共经过%fm\n",sn);
  printf("第 10 次反弹%fm\n",hn);
  return 0;
}
```

运行结果:

第 10 次落地时共经过 299.609375m

4.11 输出以下图案:

```
    *
   * * *
  * * * * *
 * * * * * * *
  * * * * *
   * * *
    *
```

解:

```
#include <stdio.h>
int main()
{
  int i,j,k;
  for(i=0;i<=3;i++)             //以下 7 行输出图案上半部分的 4 行 * 号
  {
    for(j=0;j<=2-i;j++)
      printf(" ");             //输出若干个空格
    for(k=0;k<=2*i;k++)
      printf("*");             //输出若干个 * 号
    printf("\n");             //输出完一行 * 号后换行
```

```
    }
    for(i=0;i<=2;i++)                    //以下 7 行输出图案下半部分的 3 行＊号
    {
      for(j=0;j<=i;j++)
        printf(" ");                     //输出＊号前面的空格
      for(k=0;k<=4-2*i;k++)
        printf("＊ ");                   //输出若干个＊号
      printf("\n");                      //输出完一行＊号后换行
    }
}
```

4.12 两个乒乓球队进行比赛,各出 3 人。甲队 3 人为 A、B、C,乙队 3 人为 X、Y、Z。已抽签决定比赛名单。有人向队员打听比赛的名单,A 说他不和 X 比,C 说他不和 X、Z 比,请编写程序找出 3 对选手的名单。

解:分析题目,按题意,画出如图 4.1 所示的示意图。

图 4.1 中带"×"的虚线表示不允许的组合。从图中可以看到:①X 既不与 A 比赛,又不与 C 比赛,必然与 B 比赛。②C 既不与 X 比赛,又不与 Z 比赛,必然与 Y 比赛。③剩下的只能是 A 与 Z 比赛,如图 4.2 所示。

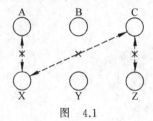

图 4.1

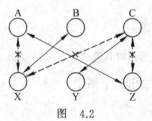

图 4.2

以上是我们经过逻辑推理得到的结论。用计算机程序处理此问题时,不可能立即得出此结论,而必须对每一种成对的组合一一进行检验,看它们是否符合条件。

开始时,并不知道 A、B、C 与 X、Y、Z 中哪一个比赛,可以假设 A 与 i 比赛,B 与 j 比赛,C 与 k 比赛,即:

```
A—i
B—j
C—k
```

i、j、k 分别是 X、Y、Z 之一,且 i、j、k 互不相等(一个队员不能与对方两个队员比赛),如图 4.3 所示。

外循环使 i 由'X' 变到'Z',中循环使 j 由'X'变到'Z'(但 i 不应与 j 相等)。然后对每一组 i、j 的值找符合条件的 k 值。k 同样也可能是'X'、'Y'、'Z'之一,但 k 也不应与 i 或 j 相等。在 i≠j≠k 的条件下,再把 i≠'X'和 k≠'X'以及 k≠'Z'的 i、j、k 的值输出即可。

程序如下:

```
#include <stdio.h>
int main()
```

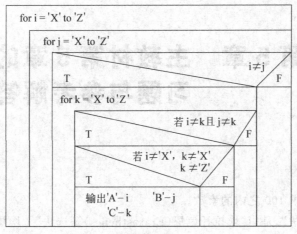

图 4.3

```
{
  char i,j,k;                        //i是A的对手,j是B的对手,k是C的对手
  for(i='X';i<='Z';i++)
    for(j='X';j<='Z';j++)
      if(i!=j)
        for(k='X';k<='Z';k++)
          if(i!=k && j!=k)
            if(i!='X' && k!='X' && k!='Z')
              printf("A--%c\nB--%c\nC--%c\n",i,j,k);
  return 0;
}
```

运行结果：

A—Z

B—X

C—Y

说明：

（1）整个执行部分除了 return 语句以外，只有一条语句，所以只在 printf 函数的最后有一个分号。读者应清楚循环和选择结构的嵌套关系。

（2）分析最下面一条 if 语句中的条件：i≠'X',k≠'X',k≠'Z'，因为已事先假定比赛对抗情况为 A—i、B—j、C—k，由于题目规定 A 不与 X 对抗，因此 i 不能等于'X'，同理，C 不与 X、Z 对抗，因此 k 不应等于'X'和'Z'。

（3）题目给的是 A、B、C、X、Y、Z，而程序中为什么用了加撇号的字符常量'X'、'Y'、'Z'呢？这是为了在运行时能直接输出字符 A、B、C、X、Y、Z，以表示 3 组对抗的情况。

第 5 章　主教材第 5 章的习题与参考解答

5.1　用筛选法求 100 之内的素数。

解：所谓"筛选法"，是指"埃拉托色尼(Eratosthenes)筛选法"。埃拉托色尼是古希腊的著名数学家。他采取的方法是，在一张纸上写出 1～1000 的全部整数，然后逐个判断它们是否为素数。找出一个非素数就把它挖掉，最后剩下的就是素数，如图 5.1 所示。

①② 3 ④ 5 ⑥ 7 ⑧ ⑨ ⑩ 11 ⑫ 13 ⑭ ⑮ ⑯ 17 ⑱ 19 ⑳ ㉑ ㉒ 23 ㉔ ㉕ ㉖ ㉗㉘ 29 ㉚ 31 ㉜ ㉝ ㉞ ㉟ ㊱ 37 ㊳ ㊴ ㊵ 41 ㊷ 43 ㊹ ㊺ ㊻ 47 ㊽ ㊾ ㊿ …

图　5.1

具体做法如下。

(1) 先将 1 挖掉(因为 1 不是素数)。

(2) 用 2 除以它后面的每个数，把能被 2 整除的数挖掉，即把 2 的倍数挖掉。

(3) 用 3 除以它后面的每个数，把 3 的倍数挖掉。

(4) 分别用 4、5…作为除数除以这些数以后的每个数。这个过程一直进行到除数后面的数已全部被挖掉为止。例如，在图 5.1 中寻找 1～50 的素数，要一直进行到除数为 47 为止。事实上可以简化，如果需要找 1～n 范围内的素数表，只需进行到除数为 $\sqrt{n}$ (取其整数) 即可。例如 1～50，只需进行到将 7 (即 $\sqrt{50}$ 的整数部分)作为除数即可。请读者思考原因。

上面的算法可表示如下：

(1) 挖去 1；

(2) 用下一个未被挖去的数 p 除以 p 后面的每个数，把 p 的倍数挖掉；

(3) 检查 p 是否小于 $\sqrt{n}$ 的整数部分(如果 $n=1000$，则检查 p 是否小于 31)，如果小于则返回第 2 步继续执行，否则结束；

(4) 剩下的数就是素数。

用计算机解此题，可以定义一个数组 a。数组元素 a[1]～a[n]分别代表 1～n。如果检查出数组 a 的某一元素的值是非素数，将它变为 0，最后剩下不为 0 的就是素数。

程序如下：

```c
#include <stdio.h>
#include <math.h>             //程序中用到求平方根函数 sqrt
int main()
```

```
{
    int i,j,n,a[101];              //定义 a 数组包含 101 个元素
    for(i=1;i<=100;i++)            //a[0]不用,只用 a[1]~a[100]
        a[i]=i;                    //使 a[1]~a[100] 的值为 1~100
    a[1]=0;                        //先"挖掉"a[1]
    for(i=2;i<sqrt(100);i++)
        for(j=i+1;j<=100;j++)
        {
            if(a[i]!=0 && a[j]!=0)
                if(a[j]%a[i]==0)
                    a[j]=0;        //把非素数去掉
        }
    printf("\n");
    for(i=2,n=0;i<=100;i++)
    {
        if(a[i]!=0)                //选出值不为 0 的数组元素,即素数
        {
            printf("%5d",a[i]);    //输出素数,宽度为 5 列
            n++;                   //累计本行已输出的数据个数
        }
        if(n==10)
        {
            printf("\n");          //输出 10 个数据后换行
            n=0;
        }
    }
    printf("\n");
    return 0;
}
```

运行结果:

```
 2   3   5   7  11  13  17  19  23  29
31  37  41  43  47  53  59  61  67  71
73  79  83  89  97
```

5.2 用选择法对 10 个整数进行排序。

解: 选择法的思路如下:设有 10 个元素 a[1]~a[10],将 a[1] 与 a[2]~a[10] 比较,若a[1]比a[2]~a[10] 都小,不进行交换,即无任何操作;若 a[2]~a[10]中有一个以上比 a[1] 小,则将其中最小的一个(假设为 a[i])与 a[1] 交换,此时 a[1]中存放了 10 个数中最小的数。第二轮将 a[2]与 a[3]~a[10]进行比较,将剩下 9 个数中的最小者 a[i]与 a[2]交换,此时 a[2]中存放的是 10 个中第二小的数。依此类推,共进行 9 轮比较,a[1]~a[10] 就已按由小到大的顺序存放了。N-S 流程图如图 5.2 所示。

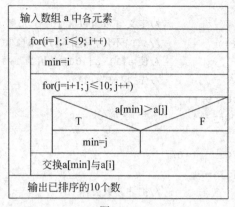

图 5.2

程序如下:

```
#include <stdio.h>
int main()
{
  int i,j,min,temp,a[11];
  printf("Enter data:\n");
  for(i=1;i<=10;i++)
  {
    printf("a[%d]=",i);
    scanf("%d",&a[i]);                  //输入 10 个数
  }
  printf("\n");
  printf("The orginal numbers:\n");
  for(i=1;i<=10;i++)
    printf("%5d",a[i]);                 //输出 10 个数
  printf("\n");
  for(i=1;i<=9;i++)                     //该循环是对 10 个数排序
  {
    min=i;
    for(j=i+1;j<=10;j++)
      if(a[min]>a[j])   min=j;
    temp=a[i];                          //以下 3 行将 a[i+1]~a[10]中最小者与 a[i]交换
    a[i]=a[min];
    a[min]=temp;
  }
  printf("\nThe sorted numbers:\n");    //输出已排好序的 10 个数
  for(i=1;i<=10;i++)
    printf("%5d",a[i]);
  printf("\n");
  return 0;
}
```

运行结果：

```
Enter data:
a[1]=1↙
a[2]=16↙
a[3]=5↙
a[4]=98↙
a[5]=23↙
a[6]=119↙
a[7]=18↙
a[8]=75↙
a[9]=65↙
a[10]=81↙

The orginal numbers:
    1  16    5  98  23  119  18  75  65  81

The sorted numbers:
    1    5  16  18  23  65  75  81  98  119
```

5.3　求一个 3×3 的整型二维数组对角线元素之和。

解：

```c
#include <stdio.h>
int main()
{
  int a[3][3],sum=0;
  int i,j;
  printf("Enter data:\n");
  for(i=0;i<3;i++)
    for(j=0;j<3;j++)
      scanf("%d",&a[i][j]);
  for(i=0;i<3;i++)
    sum=sum+a[i][i];
  printf("sum=%6d\n",sum);
  return 0;
}
```

运行结果：

```
Enter data:
1↙
2↙
3↙
4↙
5↙
6↙
```

```
7↙
8↙
9↙
sum=      15
```

说明：关于输入数据的方式说明如下。

在程序的 scanf 语句中用%d 对输入格式进行控制,上面输入数据的方式显然是可行的。其实也可以在一行中连续输入 9 个数据,如:

```
1 2 3 4 5 6 7 8 9↙
```

结果也一样。在输入完 9 个数据并按 Enter 键后,这 9 个数据被送到内存中的输入缓冲区中,然后逐个送到各个数组元素中。下面的输入方式也是正确的:

```
1 2 3↙
4 5 6↙
7 8 9↙
```

或者

```
1 2↙
3 4 5 6↙
7 8 9↙
```

也是可以的。

如果将程序第 8、9 行改为

```
for(j=0;j<3;j++)
   scanf(" %d %d %d",&a[0][j],&a[1][j],&a[2][j]);
```

请思考应如何输入,是否必须一行输入 3 个数据。如:

```
1 2 3↙
4 5 6↙
7 8 9↙
```

答案是可以按此方式输入,也可以采用前面介绍的方式输入,不论分多少行、每行包括几个数据,只要求完整输入 9 个数据即可。

程序中用的是整型数组,运行结果是正确的。如果用的是实型数组,只需将程序第 4 行的 int 改为 float 或 double 即可,并且在 scanf 函数中使用%f 或%lf 格式声明。

5.4 有一个已经排好序的数组,要求输入一个数后,按原来排序的规律将它插入数组中。

解：设数组 a 有 n 个元素,而且已按升序排列,在插入一个数时按下面的方法处理。

(1) 如果插入的数 num 比数组 a 最后一个数大,则将插入的数放在数组 a 末尾。

(2) 如果插入的数 num 比数组 a 最后一个数小,则将它依次和 a[0]～a[n−1]进行比较,直到出现 a[i]>num 为止,这时表示 a[0]～a[i−1]各元素的值比 num 小,a[i]～a[n−1]各元素的值比 num 大。num 理应插到 a[i−1]之后、a[i] 之前,怎样才能实现此目的呢?将 a[i]～a[n−1]各元素向后移一个位置,即 a[i]变成 a[i+1],…,a[n−1]变成 a[n],然后将 num 放在 a[i]中。N-S 流程图如图 5.3 所示。

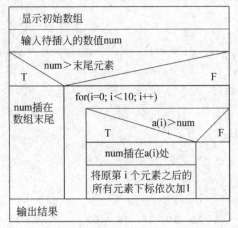

图　5.3

程序如下：

```c
#include <stdio.h>
int main()
{
  int a[11]={1,4,6,9,13,16,19,28,40,100};
  int temp1,temp2,number,end,i,j;
  printf("Array a:\n");
  for(i=0;i<10;i++)
    printf("%5d",a[i]);
  printf("\n");
  printf("Insert data:");
  scanf("%d",&number);
  end=a[9];
  if(number>end)
    a[10]=number;
  else
  {
    for(i=0;i<10;i++)
    {
      if(a[i]>number)
      {
        temp1=a[i];
        a[i]=number;
        for(j=i+1;j<11;j++)
        {
          temp2=a[j];
          a[j]=temp1;
          temp1=temp2;
        }
```

43

```
          break;
        }
      }
    }
    printf("Now, array a:\n");
    for(i=0;i<11;i++)
      printf("%5d",a[i]);
    printf("\n");
    return 0;
}
```

运行结果：

```
Array a:
    1    4    6    9   13   16   19   28   40  100
Insert data: 5↙
Now, array a:
    1    4    5    6    9   13   16   19   28   40  100
```

5.5　将一个数组中的值按逆序重新排序。例如,原来顺序为 8、6、5、4、1,要求改为 1、4、5、6、8。

解：以中间的元素为中心,将其两侧对称的元素的值互换。例如,将 8 和 1 互换,将 6 和 4 互换。N-S 流程图如图 5.4 所示。

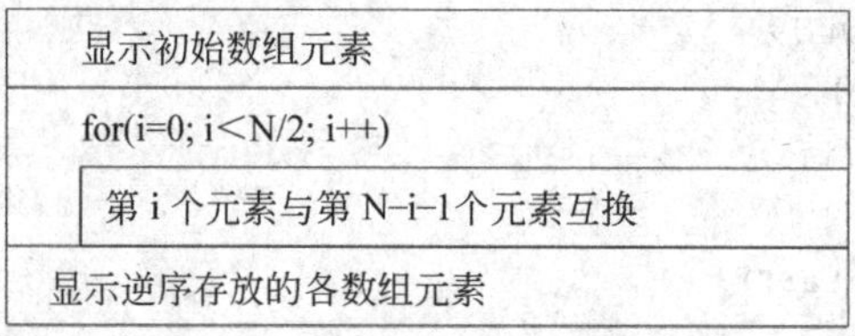

| 显示初始数组元素 |
| for(i=0; i<N/2; i++) |
| 第 i 个元素与第 N-i-1 个元素互换 |
| 显示逆序存放的各数组元素 |

图　5.4

程序如下：

```
#include <stdio.h>
#define N 5                          //定义符号常量 N 代表 5
int main()
{
  int a[N],i,temp;
  printf("Enter array a:\n");
  for(i=0;i<N;i++)
    scanf("%d",&a[i]);
  printf("Array a:\n");
  for(i=0;i<N;i++)
    printf("%4d",a[i]);
  for(i=0;i<N/2;i++)                 //循环的作用是将对称元素的值互换
  {
    temp=a[i];
```

```
      a[i]=a[N-i-1];
      a[N-i-1]=temp;
   }
   printf("\nNow,array a:\n");
   for(i=0;i<N;i++)
      printf("%4d",a[i]);
   printf("\n");
   return 0;
}
```

运行结果：

```
Enter array a:
8 6 5 4 1↙
Array a:
   8   6   5   4   1
Now, array a:
   1   4   5   6   8
```

5.6　输出以下的杨辉三角形(要求输出 10 行)。

```
1
1   1
1   2   1
1   3   3   1
1   4   6   4   1
1   5  10  10   5   1
⋮   ⋮   ⋮   ⋮   ⋮   ⋮
```

解：杨辉三角形$(a+b)^n$展开后各项的系数举例如下：

$(a+b)^0$展开后为 1 　　　　　　　　　　　　系数为 1

$(a+b)^1$展开后为 $a+b$ 　　　　　　　　　　系数为 1,1

$(a+b)^2$展开后为 $a^2+2ab+b^2$ 　　　　　　系数为 1,2,1

$(a+b)^3$展开后为 $a^3+3a^2b+3ab^2+b^3$ 　　系数为 1,3,3,1

$(a+b)^4$展开后为 $a^4+4a^3b+6a^2b^2+4ab^3+b^4$ 　系数为 1,4,6,4,1

以上就是杨辉三角形的前 5 行。杨辉三角形各行的系数有以下的规律：

(1) 各行第一个数都是 1；

(2) 各行最后一个数都是 1；

(3) 从第 3 行起,除上面指出的第一个数和最后一个数外,其余各数是上一行同列和前一列两个数之和。例如,第 4 行第 2 个数(3)是第 3 行第 2 个数(2)和第 3 行第 1 个数(1)之和。可以这样表示：$a[i][j]=a[i-1][j]+a[i-1][j-1]$,其中 i 为行数,j 为列数。

程序如下：

```
#include <stdio.h>
#define N 10
int main()
```

```
{
    int i,j,a[N][N];                          //数组为10行10列
    for(i=0;i<N;i++)
    {
      a[i][i]=1;                              //使对角线元素的值为1
      a[i][0]=1;                              //使第1列元素的值为1
    }
    for(i=2;i<N;i++)                          //从第3行开始处理
      for(j=1;j<=i-1;j++)
        a[i][j]=a[i-1][j-1]+a[i-1][j];
    for(i=0;i<N;i++)
    {
      for(j=0;j<=i;j++)
        printf("%6d",a[i][j]);                //输出数组各元素的值
      printf("\n");
    }
    printf("\n");
    return 0;
}
```

说明：数组元素的序号从 0 开始，因此数组中 0 行 0 列的元素实际上就是杨辉三角形中第 1 行第 1 列的数据，其余类推。

运行结果：

```
1
1  1
1  2   1
1  3   3    1
1  4   6    4     1
1  5  10   10     5    1
1  6  15   20    15    6   1
1  7  21   35    35   21   7   1
1  8  28   56    70   56  28   8  1
1  9  36   84   126  126  84  36  9  1
```

5.7　输出魔方阵。所谓魔方阵，是指它的每一行、每一列和对角线之和均相等。例如，三阶魔方阵为

```
8 1 6
3 5 7
4 9 2
```

要求输出由 $1 \sim n^2$ 的自然数构成的魔方阵。

解：魔方阵的阶数 n 应为奇数。要将 $1 \sim n^2$ 的自然数构成魔方阵，可按以下规律操作。

(1) 将 1 放在第 1 行中间一列。

(2) 从 2 开始直到 $n \times n$ 各数依次按下列规则存放：每一个数存放的行比前一个数的

行数减 1,列数加 1(例如上面的三阶魔方阵,5 在 4 的上一行后一列)。

(3) 如果上一个数的行数为 1,则下一个数的行数为 n(指最下一行)。例如,1 在第 1 行,则 2 应放在最下一行,列数同样加 1。

(4) 当上一个数的列数为 n 时,下一个数的列数应为 1,行数减 1。例如,2 在第 3 行最后一列,则 3 应放在第 2 行第 1 列。

(5) 如果按上面规则确定的位置上已有数,或上一个数是第 1 行第 n 列时,则把下一个数放在上一个数的下面。例如,按上面的规定,4 应该放在第 1 行第 2 列,但该位置已被 1 占据,所以 4 就放在 3 的下面。由于 6 是第 1 行第 3 列(即最后一列),故 7 放在 6 下面。

按此方法可以得到任何阶的魔方阵。

N-S 流程图如图 5.5 所示。

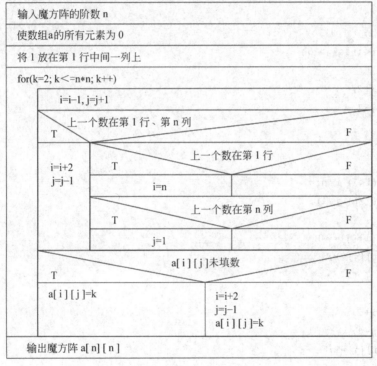

图　5.5

程序如下:

```c
#include <stdio.h>
int main()
{
  int a[15][15],i,j,k,p,n;
  p=1;
  while(p==1)
  {
    printf("Enter n(n=1 至 15):");            //要求阶数为 1~15 的奇数
    scanf("%d",&n);
```

47

```
    if((n!=0)&&(n<=15)&&(n%2!=0))                    //检查 n 是否为 1~15 的奇数
      p=0;
}
//初始化
for(i=1;i<=n;i++)
  for(j=1;j<=n;j++)
    a[i][j]=0;
//建立魔方阵
j=n/2+1;
a[1][j]=1;
for(k=2;k<=n*n;k++)
{
  i=i-1;
  j=j+1;
  if((i<1)&&(j>n))
  {
    i=i+2;
    j=j-1;
  }
  else
  {
    if(i<1) i=n;
    if(j>n) j=1;
  }
  if(a[i][j]==0)
    a[i][j]=k;
  else
  {
    i=i+2;
    j=j-1;
    a[i][j]=k;
  }
}
//输出魔方阵
for(i=1;i<=n;i++)
{
  for(j=1;j<=n;j++)
    printf("%5d",a[i][j]);
  printf("\n");
}
return 0;
}
```

运行结果：

```
Enter n(n=1 至 15):5↙
17 24  1  8 15
23  5  7 14 16
 4  6 13 20 22
10 12 19 21  3
11 18 25  2  9
```

5.8　找出一个二维数组中的鞍点，即该位置上的元素在该行最大、在该列最小。也可能没有鞍点。

解：一个二维数组最多有一个鞍点，也可能没有。寻找的方法是：先找出一行中值最大的元素，然后检查它是否为该列中的最小值，如果是，则是鞍点（不需要继续寻找别的鞍点），输出该鞍点；如果不是，再找下一行的最大数……如果每一行的最大数都不是鞍点，则此数组无鞍点。

程序如下：

```c
#include <stdio.h>
#define N 4                         //N 代表 4
#define M 5                         //M 代表 5
int main()
{
  int i,j,k,a[N][M],max,maxj,flag;  //数组 a 为 4 行 5 列
  printf("Please input matrix:\n");
  for(i=0;i<N;i++)                  //输入数组
    for(j=0;j<M;j++)
      scanf("%d",&a[i][j]);
  for(i=0;i<N;i++)
  {
    max=a[i][0];                    //开始时假设 a[i][0]最大
    maxj=0;                         //将列号 0 赋给 maxj 保存
    for(j=0;j<M;j++)                //找出第 i 行中的最大数
      if(a[i][j]>max)
      {
        max=a[i][j];                //将本行的最大数存放在 max 中
        maxj=j;                     //将最大数所在的列号存放在 maxj 中
      }
    flag=1;                         //先假设是鞍点,以 flag 的值为 1 来代表
    for(k=0;k<N;k++)
      if(max>a[k][maxj])            //将最大数与其同列元素相比较
      {
        flag=0;                     //如果 max 不是同列最小,表示不是鞍点,令 flag1
                                    //为 0
        continue;
      }
```

49

```
        if(flag)                                    //如果 flag1 为 1,表示是鞍点
        {
            printf("a[%d][%d]=%d\n",i,maxj,max);     //输出鞍点的值和所在行号、列号
            break;
        }
    }
    if(!flag)                                        //如果 flag 为 0,表示鞍点不存在
        printf("It is not exist!\n");
    return 0;
}
```

运行结果:

①Please input matrix:

1 2 3 4 5 ✓   (输入 4 行 5 列数据)

2 4 6 8 10 ✓

3 6 9 12 15 ✓

4 8 12 16 20 ✓

a[0][4]=5   (找到数组中 0 行 4 列元素是鞍点,其值为 5)

②Please input matrix:

1 2 3 4 25 ✓   (输入 4 行 5 列数据)

2 4 6 8 16 ✓

3 6 9 12 15 ✓

4 8 12 16 20 ✓

It is not exist!   (无鞍点)

5.9 将 15 个数字按由大到小的顺序存放在一个数组中,输入一个数字,要求用折半查找法找出该数字是数组中第几个元素的值。如果该数字不在数组中,则输出"无此数"。

解:想在一个数列中查找一个数,最简单的方法是从第 1 个数开始顺序查找,将要找的数与数列中的数一一进行比较,直到找到为止。如果数列中无此数,则应找到最后一个数,然后判定"找不到"。

这种"顺序查找法"效率较低。如果表列中有 1000 个数字,且要找的数字恰好是第 1000 个数字,则要进行 1000 次比较才能得到结果。平均比较次数为 500 次。

折半查找法是效率较高的一种方法,基本思路如下。

假如有已按由小到大的顺序排列的 9 个数字 a[1]～a[9],其值分别为

1, 3, 5, 7, 9, 11, 13, 15, 17

若输入一个数字 3,想查 3 是否在此数列中,先找出数列中居中的数,即 a[5]。将要找的数字 3 与 a[5]比较,发现 a[5]的值是 9,a[5]>3,显然 3 应当在 a[1]～a[5]范围内,而不会在 a[6]～a[9]的范围内,这样就可以甩掉 a[6]～a[9]的部分,即将查找范围缩小了一半。再找 a[1]～a[5]范围内居中的数,即 a[3],将要找的数字 3 与 a[3]比较,a[3]的值是 5,发现 a[3]>3,显然 3 应当在 a[1]～a[3]范围内,又将查找范围缩小了一半。再将 3 与 a[1]～a[3]范围内居中的数 a[2]比较,发现要找的数 3 等于 a[2],查找结束,一共比较了 3 次。如果数列中有 n 个数,则最多比较的次数为 $\text{int}(\log_2 n)+1$。

N-S 流程图如图 5.6 所示。

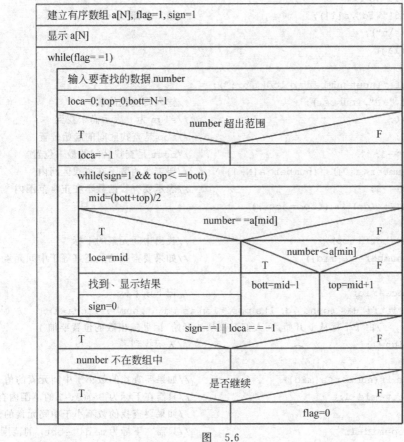

图　5.6

程序如下：

```c
#include <stdio.h>
#define N 15
int.main()
{
  int i,number,top,bott,mid,loca,a[N],flag=1,sign;
  char c;
  printf("Enter data:\n");
  scanf("%d",&a[0]);                   //输入第 1 个数
  i=1;
  while(i<N)                           //检查数是否已输入完毕
  {
    scanf("%d",&a[i]);                 //输入下一个数
    if(a[i]>=a[i-1])                   //如果输入的数不小于前一个数
      i++;                             //使数的序号加 1
    else
      printf("Enter this data again:\n");   //要求重新输入此数
  }
```

51

```
        printf("\n");
        for(i=0;i<N;i++)
          printf("%5d",a[i]);                    //输出全部 15 个数
        printf("\n");
        while(flag)
        {
          printf("Input number to look for:");
          scanf("%d",&number);                   //输入要查找的数
          sign=0;                                //sign 为 0 表示尚未找到
          top=0;                                 //top 是查找区间的起始位置
          bott=N-1;                              //bott 是查找区间的最末位置
          if((number<a[0])||(number>a[N-1]))     //要查找的数不在查找区间内
            loca=-1;                             //表示要查找的数不在正常范围内
          while((!sign) && (top<=bott))
          {
            mid=(bott+top)/2;                    //找出中间元素的下标
            if(number==a[mid])                   //如果要查找的数正好等于中间元素
            {
              loca=mid;                          //记下该下标
              printf("Has found %d, its position is %d\n",number,loca+1);
                   //由于下标从 0 开始,而人们习惯从 1 开始,因此输出数的位置要加 1
              sign=1;                            //表示找到了
            }
            else if(number<a[mid])               //如果要查找的数小于中间元素的值
              bott=mid-1;                        //只需在下标为 0~mid-1 的范围内查找
            else                                 //如果要查找的数不小于中间元素的值
              top=mid+1;                         //只需在下标为 mid+1~bott 的范围内查找
          }
          if(!sign||loca==-1)                    //sign 为 0 或 loca 等于-1,表示没找到
            printf("Cannot find %d.\n",number);  //输出"找不到"
          printf("Continue or not(Y/N)?");       //问是否继续查找
          scanf(" %c",&c);                       //不想继续查找输入 N 或 n
          if(c=='N'||c=='n')
            flag=0;                              //flag 为开关变量,控制程序是否结束运行
        }
        return 0;
      }
```

运行结果:

Enter data: (要求输入数据)
1✓
3✓
2✓   (数据未按由小到大顺序输入)
Enter this data again: (要求重新输入)
1✓

3 ↙
4 ↙
5 ↙
6 ↙
8 ↙
12 ↙
23 ↙
34 ↙
44 ↙
45 ↙
56 ↙
57 ↙
58 ↙
68 ↙

1 3 4 5 6 8 12 23 34 44 45 56 57 58 68	（输出全部 15 个数字）
Input number to look for: 7 ↙	（要查找 7）
Can not find 7.	（找不到 7）
Continue or not(Y/N)？y ↙	（还要继续查找）
Input number to look for:12 ↙	（要查找 12）
Has found 12, its position is 7	（12 的位置是第 7 个数字）
Continue or not(Y/N)？　n ↙	（运行结束）

5.10　有一篇文章共有 3 行文字，每行有 80 个字符。要求分别统计出大写字母、小写字母、数字、空格以及其他字符的个数。

解：N-S 流程图如图 5.7 所示。

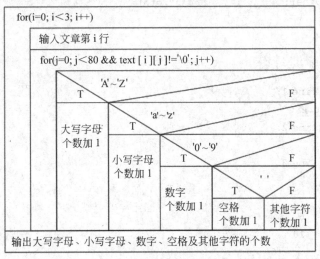

图　5.7

程序如下：

```
# include <stdio.h>
```

```
int main()
{
  int i,j,upp,low,dig,spa,oth;
  char text[3][80];
  upp=low=dig=spa=oth=0;
  for(i=0;i<3;i++)
  {
      printf("Please input line %d:\n",i+1);
      gets(text[i]);
      for(j=0;j<80&&text[i][j]!='\0';j++)
      {
        if(text[i][j]>='A'&&text[i][j]<='Z')
            upp++;
        else if(text[i][j]>='a'&&text[i][j]<='z')
            low++;
        else if(text[i][j]>='0'&&text[i][j]<='9')
            dig++;
        else if(text[i][j]==' ')
            spa++;
        else
            oth++;
      }
  }
  printf("\nUpper case:    %d\n",upp);
  printf("Lower case:    %d\n",low);
  printf("Digit:          %d\n",dig);
  printf("Space:          %d\n",spa);
  printf("Other:          %d\n",oth);
  return 0;
}
```

运行结果:

```
Please input line 1:
I am a student.✓
Please input line 2:
123456✓
Please input line 3:
ASDFG✓

Upper case:    6
Lower case:    10
Digit:          6
Space:          3
Other:          1
```

说明: 数组 text 的行号为 0~2, 但为了在提示用户输入各行数据时, 要求用户输入第 1 行、第 2 行、第 3 行, 而不是第 0 行、第 1 行、第 2 行, 因此, 在程序第 9 行中输出行数时用

i+1,而不用 i,这样并不影响程序对数组的处理。在程序中其他场合,数组的第 1 个下标值仍然是 0～2。

5.11　输出以下图案:

```
*****
 *****
  *****
   *****
    *****
```

解:

```
#include <stdio.h>
int main()
{
  char a[6]={'*','*','*','*','*','\0'};
  int i,j;
  char space=' ';
  for(i=0;i<5;i++)
  {
    for(j=0;j<=i;j++)
      printf("%c",space);          //在每行开头输出 i 个空格
    printf("%s\n",a);              //输出 5 个 *
  }
  return 0;
}
```

说明:字符数组 a 的长度定义为 6,最后一个元素内容为'\0',作为字符串的结束符。请读者想一想如果没有'\0',输出时会出现什么情况。上机试一下。

5.12　有一行电文,已按下面规律译成密码:

A→Z　a→z
B→Y　b→y
C→X　c→x
　　⋮

即第 1 个字母变成第 26 个字母,第 i 个字母变成第(26−i+1)个字母。非字母字符不变。要求编写程序将密码译回原文,并输出密码和原文。

解:定义一个字符数组 ch 存放电文。如果字符 ch[j]是大写字母,则它是 26 个字母中的第 ch[j]−64 个大写字母。例如,若 ch[j] 的值是大写字母 B,它的 ASCII 码为 66,它应是字母表中第"66−64"个大写字母,即第 2 个字母。按密码规定,应将它转换为第 26−i+1 个大写字母,即第 26−2+1=25 个大写字母。而 26−i+1=26−(ch[j]−64)+1=26+64−ch[j]+1,即91−ch[j](如果 ch[j]等于'B',91−'B'=91−66=25,ch[j]应将它转换为第 25 个大写字母)。该字母的 ASCII 码为 91−ch[j]+64,而 91−ch[j]的值为 25,因此 91−ch[j]+64=25+64=89,89 是'Y'的 ASCII 码。表达式 91−ch[j]+64 可以直接表示为 155−ch[j]。小写字母情况与此相似,但由于小写字母'a' 的 ASCII 码为 97,因此处理小写

字母的公式应改为：$26+96-ch[j]+1+96=123-ch[j]+96=219-ch[j]$。例如，若 $ch[j]$ 的值为 'b'，则其交换对象为 $219-'b'=219-98=121$，是 'y' 的 ASCII 码。

由于此密码的规律是对称转换，即第 1 个字母转换为最后 1 个字母，最后 1 个字母转换为第 1 个字母，因此从原文译为密码和从密码译为原文，都是用同一个公式。

N-S 流程图如图 5.8 所示。

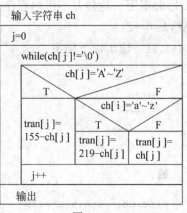

图 5.8

方法一 用两个字符数组分别存放原文和密码。

程序如下：

```c
#include <stdio.h>
int main()
{
    int j,n;
    char ch[80],tran[80];
    printf("Input cipher code:");
    gets(ch);
    printf("\nCipher code:%s",ch);
    j=0;
    while(ch[j]!='\0')
    {
        if((ch[j]>='A') && (ch[j]<='Z'))
            tran[j]=155-ch[j];
        else if((ch[j]>='a') && (ch[j]<='z'))
            tran[j]=219-ch[j];
        else
            tran[j]=ch[j];
        j++;
    }
    n=j;
    printf("\nOriginal text:");
    for(j=0;j<n;j++)
        putchar(tran[j]);
    printf("\n");
    return 0;
}
```

运行结果：

Input cipher code:R droo erhrg Xsrmz mvcg dvvp.↙
Cipher code:R droo erhrg Xsrmz mvcg dvvp.
Original text:I will visit China next week.

方法二　只用一个字符数组。

程序如下。

```c
#include <stdio.h>
void main()
{
  int j,n;
  char ch[80];
  printf("Input cipher code:\n");
  gets(ch);
  printf("\nCipher code:%s\n",ch);
  j=0;
  while(ch[j]!='\0')
  {
    if((ch[j]>='A')&&(ch[j]<='Z'))
      ch[j]=155-ch[j];
    else if((ch[j]>='a')&&(ch[j]<='z'))
      ch[j]=219-ch[j];
    else
      ch[j]=ch[j];
    j++;
  }
  n=j;
  printf("original text:");
  for(j=0;j<n;j++)
    putchar(ch[j]);
  printf("\n");
}
```

运行情况同上。

5.13　编写一个程序,将两个字符串连接起来,不要用 strcat 函数。

解：N-S 流程图如图 5.9 所示。

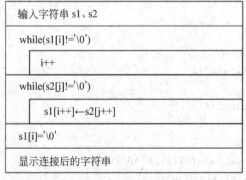

图　5.9

程序如下：

```c
#include <stdio.h>
```

```
int main()
{
    char s1[80],s2[40];
    int i=0,j=0;
    printf("Input string1:");
    scanf("%s",s1);
    printf("Input string2:");
    scanf("%s",s2);
    while(s1[i]!='\0')
        i++;
    while(s2[j]!='\0')
        s1[i++]=s2[j++];
    s1[i]='\0';
    printf("\nThe new string is:%s\n",s1);
    return 0;
}
```

运行结果：

```
Input string1:country↙
Input string2:side↙
The new string is: countryside
```

5.14　编写一个程序，将两个字符串 s1 和 s2 进行比较，若 s1＞s2，输出一个正数；若 s1＝s2，输出 0；若 s1＜s2，输出一个负数。不要使用 strcpy 函数。两个字符串用 gets 函数读入。输出的正数或负数的绝对值应是相比较的两个字符串相应字符的 ASCII 码的差值。例如，A 与 C 相比，由于 A＜C，应输出负数，同时由于 A 与 C 的 ASCII 码差值为 2，因此应输出－2。同理，And 和 Aid 比较，根据第 2 个字符比较结果，n 比 i 大 5，因此应输出 5。

解：

```
#include <stdio.h>
int main()
{
    int i,resu;
    char s1[100],s2[100];
    printf("Input string1:");
    gets(s1);
    printf("Input string2:");
    gets(s2);
    i=0;
    while((s1[i]==s2[i]) && (s1[i]!='\0')) i++;
    if(s1[i]=='\0' && s2[i]=='\0')
        resu=0;
    else
        resu=s1[i]-s2[i];
    printf("Result:%d.\n",resu);
```

```
    return 0;
}
```

运行结果：

```
Input string1:Aid↙
Input string2:And↙
Result: -5
```

5.15　编写一个程序,将字符数组 s2 中的全部字符复制到字符数组 s1 中,不用 strcpy 函数。复制时,'\0'也要复制过去,但'\0'后面的字符不再复制。

解：

```
#include <stdio.h>
#include <string.h>
int main()
{
  char s1[80],s2[80];
  int i,n;
  printf("Input s2:");
  scanf("%s",s2);
  n=strlen(s2);                    //把字符串 s2 的长度赋给 n
  for(i=0;i<=n;i++)                //由于还要复制'\0',故执行循环 n+1 次
    s1[i]=s2[i];
  printf("S1:%s\n",s1);
  return 0;
}
```

运行结果：

```
Input s2:student↙
S1:student
```

5.16　输入 10 个国家名称,要求按字母顺序输出。

解： 用起泡法对字符串进行排序。

```
#include <stdio.h>
#include <string.h>
int main()
{
  char string[20];
  char str[10][20];
  int i,j;
  for(i=0;i<10;i++)
    gets (str[i]);                 //读入一个字符串
  printf("\n");
  for(j=0;j<9;j++)
    for(i=0;i<9-j;i++)
```

```
        if(strcmp(str[i],str[i+1])>0)
                        //strcmp()是字符串比较函数,如 str[i]大于 str[i+1],则结果为正数
        {
            strcpy(string,str[i]);           //以下 3 行的作用是使 str[i]和 str[i+1]交换
            strcpy(str[i],str[i+1]);
            strcpy(str[i+1],string);
        }
    printf("\nThe sorted strings are:\n");
    for(i=0;i<10;i++)
        printf("%s\n",str[i]);
    printf("\n");
    return 0;
}
```

运行结果：

```
CHINA ↙
INDIA ↙
FRANCE ↙
HOLLAND ↙
AMERICA ↙
JAPAN ↙
CANADA ↙
ENGLAND
GERMANY ↙
EGYPT ↙

The sorted strings are:
AMERICA
CANADA
CHINA
EGYPT
ENGLAND
FRANCE
GERMANY
HOLLAND
INDIA
JAPAN
```

第6章 主教材第6章的习题与参考解答

6.1 编写两个函数,分别求两个整数的最大公约数和最小公倍数,用主函数调用这两个函数,并输出结果。两个整数由键盘输入。

解:设两个整数 u 和 v,用辗转相除法求最大公约数的算法用伪代码表示如下。

```
begin
if v>u
    变量 u 与 v 的值互换              (使较大的整数 u 为被除数)
while(u/v 的余数 r 不等于 0)
{
    u=v                          (使除数 v 变为被除数 u)
    v=r                          (使余数 r 变为除数 v)
}
输出最大公约数 r
最小公倍数 l=u * v/最大公约数 r
end
```

程序如下:

```c
#include <stdio.h>
int main()
{
    int hcf(int,int);           //函数声明
    int lcd(int,int,int);       //函数声明
    int u,v,h,l;
    scanf("%d,%d",&u,&v);
    h=hcf(u,v);
    printf("H.C.F=%d\n",h);
    l=lcd(u,v,h);
    printf("L.C.D=%d\n",l);
    return 0;
}

int hcf(int u,int v)
{
    int t,r;
```

```
        if(v>u)
          {t=u;u=v;v=t;}
        while((r=u%v)!=0)
          {u=v;v=r;}
        return(v);
}

int lcd(int u,int v,int h)
{
    return(u*v/h);
}
```

运行结果：

```
24,16↙                         (输入两个整数)
H.C.F=8                        (最大公约数)
L.C.D=48                       (最小公倍数)
```

6.2 求方程 $ax^2+bx+c=0$ 的根，用 3 个函数分别求当 b^2-4ac 大于 0、等于 0 和小于 0 时的根并输出结果。从主函数输入 a、b、c 的值。

解：

```
#include<stdio.h>
#include<math.h>
double x1,x2,disc,p,q;                    //定义全局变量
int main()
{
    void greater_than_zero(float,float);  //函数声明
    void equal_to_zero(float,float);      //函数声明
    void smaller_than_zero(float,float);  //函数声明
    float a,b,c;                          //定义局部变量
    printf("Input a,b,c:");
    scanf("%f,%f,%f",&a,&b,&c);
    printf("Equation:%5.2f*x*x+%5.2f*x+%5.2f=0\n",a,b,c);
    disc=b*b-4*a*c;
    printf("Root:\n");
    if(Disc>0)
    {
        greater_than_zero(a,b);
        printf("x1=%f\t\tx2=%f\n",x1,x2);
    }
    else if(disc==0)
    {
        equal_to_zero(a,b);
        printf("x1=%f\t\tx2=%f\n",x1,x2);
    }
    else
```

```
    {
        smaller_than_zero(a,b);
        printf("x1=%f+%fi\tx2=%f-%fi\n",p,q,p,q);
    }
    return 0;
}


void greater_than_zero(float a,float b)
{
    x1=(-b+sqrt(disc))/(2*a);
    x2=(-b-sqrt(disc))/(2*a);
}


void equal_to_zero(float a,float b)
{
    x1=x2=(-b)/(2*a);
}


void smaller_than_zero(float a,float b)
{
    p=-b/(2*a);
    q=sqrt(-disc)/(2*a);
}
```

运行结果:

① Input a,b,c: 2,4,1↙

Equation: 2.00*x*x+4.00*x+1.00=0   (用 x*x 表示 x 的平方)

Root:

x1=-0.292893   x2=-1.707107

② Input a,b,c: 1,2,1↙

Equation: 1.00*x*x+2.00*x+1.00=0

Root:

x1=-1.000000   x2=-1.000000

③ Input a,b,c: 2,4,3↙

Equation: 2.00*x*x+4.00*x+3.00=0

Root:

x1=-1.000000+0.707107i   x2=-1.000000-0.707107i

6.3　编写一个判断素数的函数,在主函数中输入一个整数,输出是否为素数的信息。

解:

```
#include <stdio.h>
int main()
{
    int prime(int);
    int n;
```

```
      printf("\nInput an integer:");
      scanf("%d",&n);
      if(prime(n))
        printf("\n %d is a prime number.\n",n);
      else
        printf("\n %d is not a prime number.\n",n);
      return 0;
    }


    int prime(int n)
    {
      int flag=1,i;
      for(i=2;i<n/2&&flag==1;i++)
        if(n%i==0)
          flag=0;
      return(flag);
    }
```

运行结果：

① Input an integer:17✓

   17 is a prime number.

② Input an integer:25✓

   25 is not a prime number.

6.4　编写一个函数，使给定的一个 3×3 的二维整型数组转置，即行列互换。

解：

```
#include <stdio.h>
#define N 3
int array[N][N];
int main()
{
  void convert(int array[][3]);              //函数声明
  int i,j;
  printf("Input array:\n");
  for(i=0;i<N;i++)
    for(j=0;j<N;j++)
      scanf("%d",&array[i][j]);              //输入数组元素的值
    printf("\nOriginal array:\n");
    for(i=0;i<N;i++)
    {
      for(j=0;j<N;j++)
        printf("%5d",array[i][j]);           //输出矩阵
      printf("\n");
    }
    convert(array);                          //函数调用
```

```
    printf("Convert array:\n");
    for(i=0;i<N;i++)
    {
      for(j=0;j<N;j++)
        printf("%5d",array[i][j]);          //按行列互换后输出
      printf("\n");
    }
    return 0;
  }


void convert(int array[][3])                 //定义行列转置的函数
{
  int i,j,t;
  for(i=0;i<N;i++)
    for(j=i+1;j<N;j++)
    {
        t=array[i][j];
        array[i][j]=array[j][i];
        array[j][i]=t;
    }
}
```

运行结果：

```
Input array:
1 2 3↙
4 5 6↙
7 8 9↙


Original array:
    1   2   3
    4   5   6
    7   8   9
Convert array:
    1   4   7
    2   5   8
    3   6   9
```

6.5 编写一个函数,使输入的一个字符串按反序存放,在主函数中输入和输出字符串。

解：

```
#include <stdio.h>
#include <string.h>
int main()
{
  void inverse(char str[]);                  //函数声明
  char str[100];
```

```
    printf("Input string:");
    scanf("%s",str);
    inverse(str);                              //调用 inverse 函数
    printf("Inverse string:%s\n",str);
    return 0;
}

void inverse(char str[])                       //定义处理逆序的函数
{
    char t;
    int i,j,n;
    n=strlen(str);
    for(i=0,j=n;i<n/2;i++,j--)
    {
        t=str[i];
        str[i]=str[j-1];
        str[j-1]=t;
    }
}
```

运行结果：

Input string: abcdefg↙
Inverse string: gfedcba

6.6 编写一个函数，连接两个字符串。

解：

```
#include <stdio.h>
int main()
{
    void concatenate(char string1[],char string2[],char string[]);
    char s1[100],s2[100],s[100];
    printf("Input string1:");
    scanf("%s",s1);
    printf("Input string2:");
    scanf("%s",s2);
    concatenate(s1,s2,s);
    printf("\nThe new string is %s\n",s);
    return 0;
}

void concatenate(char string1[],char string2[],char string[])
{
    int i,j;
    for(i=0;string1[i]!='\0';i++)
        string[i]=string1[i];
```

```
for(j=0;string2[j]!='\0';j++)
    string[i+j]=string2[j];
string[i+j]='\0';
}
```

运行结果：

Input string1:　China↙
Input string2:　town↙

The new string is Chinatown

6.7　编写一个函数,将一个字符串中的元音字母复制到另一个字符串中,然后输出。

解：

```
#include <stdio.h>
int main()
{
    void cpy(char[],char[]);
    char str[80],c[80];
    printf("Input string:");
    gets(str);
    cpy(str,c);
    printf("The vowel letters are:%s\n",c);
    return 0;
}


void cpy(char s[],char c[])
{
    int i,j;
    for(i=0,j=0;s[i]!='\0';i++)
        if(s[i]=='a'||s[i]=='A'||s[i]=='e'||s[i]=='E'||s[i]=='i'||s[i]=='I'||
            s[i]=='o'||s[i]=='O'||s[i]=='u'||s[i]=='U')
            {c[j]=s[i]; j++;}
    c[j]='\0';
}
```

运行结果：

Input string: I am happy.↙
The vowel letters are: Iaa

6.8　编写一个函数,输入一个 4 位数字,要求输出这 4 个数字字符,且每个数字间空一个格。如输入 2021,应输出"2 0 2 1"。

解：

```
#include <stdio.h>
#include <string.h>
```

```
int main()
{
  char str[80];
  void insert(char[]);
  printf("Input four digits:");
  scanf("%s",str);
  insert(str);
  return 0;
}

void insert(char str[])
{
  int i;
  for(i=strlen(str);i>0;i--)
  {
    str[2*i]=str[i];
    str[2*i-1]=' ';
  }
  printf("Output:\n%s\n",str);
}
```

运行结果：

```
Input four digits:   2021✓
Output:
2 0 2 1
```

6.9　编写一个函数，由实参传来一个字符串，统计此字符串中字母、数字、空格和其他字符的个数，在主函数中输入字符串以及输出上述的结果。

解：

```
#include <stdio.h>
int letter,digit,space,others;
int main()
{
  void count(char[]);
  char text[80];
  printf("Input string:\n");
  gets(text);
  printf("String:");
  puts(text);
  letter=0;
  digit=0;
  space=0;
  others=0;
  count(text);
  printf("\nLetter:%d\ndigit:%d\nspace:%d\nothers:%d\n",letter,digit,space,
```

```
    others);
  return 0;
}


void count(char str[])
{
  int i;
  for(i=0;str[i]!='\0';i++)
  if((str[i]>='a'&&str[i]<='z')||(str[i]>='A'&&str[i]<='Z'))
    letter++;
  else if(str[i]>='0' && str [i]<='9')
    digit++;
  else if(str[i]==32)
    space++;
  else
    others++;
}
```

运行结果：

Input string:

My address is #123 Shanghai Road, Beijing,100045.↙

String: My address is #123 Shanghai Road, Beijing,100045.

Letter: 30

Digit: 9

Space: 5

Others: 4

6.10　编写一个函数,输入一行字符,输出此字符串中最长的单词。

解：可以认为单词是全部由字母组成的字符串。程序中设 longest 函数的作用是找出最长单词的位置,此函数的返回值是该行字符中最长单词的起始位置。longest 函数的 N-S 流程图如图 6.1 所示。

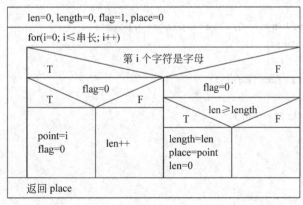

图　6.1

69

图 6.1 中用 flag 表示单词是否已经开始，flag＝0 表示单词未开始，flag＝1 表示单词开始；len 代表当前单词已经累计的字母个数；length 代表前面最长单词的长度；point 代表当前单词的起始位置（用下标表示）；place 代表最长单词的起始位置。函数 alphabetic 的作用是判断当前字符是否为字母，若是返回 1；否则返回 0。

程序如下：

```c
#include <stdio.h>
#include <string.h>
int main()
{
  int alphabetic(char);
  int longest(char[]);
  int i;
  char line[100];
  printf("Input one line:\n");
  gets(line);
  printf("The longest word is :");
  for(i=longest(line);alphabetic(line[i]);i++)
    printf("%c",line[i]);
  printf("\n");
  return 0;
}

int alphabetic(char c)
{
  if((c>='a' && c<='z')||(c>='A'&&c<='z'))
    return(1);
  else
    return(0);
}

int longest(char string[])
{
  int len=0,i,n,length=0,flag=1,place=0,point;
  n=strlen(string);
  for(i=0;i<=n;i++)
    if(alphabetic(string[i]))
      if(flag)
        {point=i;flag=0;}
      else
        len++;
    else
      {
        flag=1;
        if(len>=length)
```

```
        {length=len;place=point;len=0;}
    }
    return(place);
}
```

运行结果：

Input one line:

We introduce standard C and the key programming and design techniques supported by C. ↙

The longest word is : techniques

6.11　编写一个函数，用起泡法对输入的 10 个字符按由小到大的顺序排列。

解：用函数 sort 实现排序功能。主函数的 N-S 流程图如图 6.2 所示，sort 函数的 N-S 流程图如图 6.3 所示。

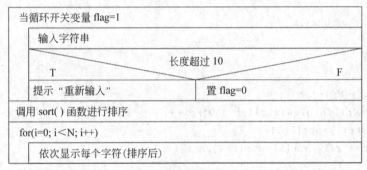

图　6.2

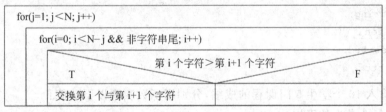

图　6.3

程序如下：

```
#include <stdio.h>
#include <string.h>
#define N 10
char str[N];
int main()
{
    void sort(char[]);
    int i,flag;
    for(flag=1;flag==1;)
    {
```

71

```
        printf("Input string:\n");
        scanf("%s",&str);
        if(strlen(str)>N)
          printf("String is too long,input again!");
        else
          flag=0;
    }
    sort(str);
    printf("String sorted:\n");
    for(i=0;i<N;i++)
      printf("%c",str[i]);
    printf("\n");
    return 0;
}


void sort(char str[])
{
    int i,j;
    char t;
    for(j=1;j<N;j++)
      for(i=0;(i<N-j)&&(str[i]!='\0');i++)
        if(str[i]>str[i+1])
          {t=str[i];str[i]=str[i+1];str[i+1]=t;}
}
```

运行结果：

```
Input string:
reputation↙
String sorted:
aeionprttu
```

6.12   输入 10 个学生 5 门课程的成绩,分别用函数实现以下功能：

① 计算每个学生的平均分；

② 计算每门课程的平均分；

③ 找出所有 50 个分数中最高的分数所对应的学生和课程。

解：主函数的 N-S 流程图如图 6.4 所示。

函数 input_stu 的作用是给全程变量数组 score 中的各元素输入初值。

函数 aver_stu 的作用是计算每个学生的平均分,并将结果赋给全程变量数组 a_stu 中的各元素。

函数 aver_cour 的作用是计算每门课程的平均成绩,计算结果存入全程变量数组 a_cour 中。

函数 highest 的返回值是最高分。r、c 是两个全局变量,分别代表最高分所在的行号和列号。该函数的 N-S 流程图如图 6.5 所示。

调用 input_stu 函数，输入 10 个学生的成绩			
调用 aver_stu 函数，计算每个学生的平均分			
调用 aver_cour 函数，计算每门课程的平均分			
对每个学生			
	对每门课程		
		显示相应的成绩	
		显示该学生的平均分	
	对每门课程		
		显示该课程的平均分	
调用 highest 函数找出最高分数及对应的学生和课程			

图　6.4

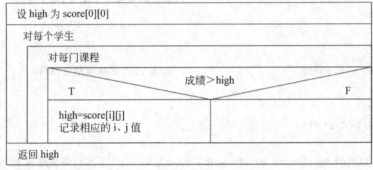

图　6.5

程序如下：

```
#include <stdio.h>
#define N 10
#define M 5
float score[N][M];              //全局数组
float a_stu[N],a_cour[M];       //全局数组
int r,c;                        //全局变量

int main()
{
  int i,j;
  float h;
  float highest();              //函数声明
  void input_stu(void);         //函数声明
  void aver_stu(void);          //函数声明
  void aver_cour(void);         //函数声明
  input_stu();                  //函数调用,输入 10 个学生的成绩
  aver_stu();                   //函数调用,计算 10 个学生的平均成绩
  aver_cour();
```

73

```
      printf("\n NO.    cour1   cour2   cour3   cour4   cour5   aver\n");
      for(i=0;i<N;i++)
      {
        printf("\n NO %2d ",i+1);              //输出 1 个学生号
        for(j=0;j<M;j++)
          printf("%8.2f",score[i][j]);         //输出 1 个学生各门课程的成绩
        printf("%8.2f\n",a_stu[i]);            //输出 1 个学生的平均成绩
      }
      printf("\nAverage:");
      for(j=0;j<M;j++)                         //输出 5 门课程的平均成绩
        printf("%8.2f",a_cour[j]);
      printf("\n");
      h=highest();                             //调用函数,求最高分和它属于哪个学生、哪门课程
      printf("Highest:%7.2f  NO.%2d  course %2d\n",h,r,c);
                                               //输出最高分和学生号、课程号
      return 0;
}


void input_stu(void)                           //输入 10 个学生成绩的函数
{
    int i,j;
    for(i=0;i<N;i++)
    {
      printf("\nInput score of student%2d:\n",i+1);       //学生号从 1 开始
      for(j=0;j<M;j++)
        scanf("%f",&score[i][j]);
    }
}


void aver_stu(void)                            //计算 10 个学生平均成绩的函数
{
    int i,j;
    float s;
    for(i=0;i<N;i++)
    {
      for(j=0,s=0;j<M;j++)
        s+=score[i][j];
      a_stu[i]=s/5.0;
    }
}


void aver_cour(void)                           //计算 5 门课程平均成绩的函数
{
    int i,j;
    float s;
```

```
for(j=0;j<M;j++)
{
  s=0;
  for(i=0;i<N;i++)
    s+=score[i][j];
  a_cour[j]=s/(float)N;
}
}

float highest()                          //求最高分和它属于哪个学生、哪门课程的函数
{
  float high;
  int i,j;
  high=score[0][0];
  for(i=0;i<N;i++)
    for(j=0;j<M;j++)
      if(score[i][j]>high)
        {high=score[i][j];
         r=i+1;                          //数组行号i从0开始,学生号r从1开始,故r=i+1
         c=j+1;                          //数组列号j从0开始,课程号c从1开始,故c=j+1
        }
  return(high);
}
```

运行结果:

```
Input score of student 1:
87 88 92 67 78 ↙
Input score of student 2:
88 86 87 98 90 ↙
Input score of student 3:
76 75 65 65 78 ↙
Input score of student 4:
67 87 60 90 67 ↙
Input score of student 5:
77 78 85 64 56 ↙
Input score of student 6:
76 89 94 65 76 ↙
Input score of student 7:
78 75 64 67 77 ↙
Input score of student 8:
77 76 56 87 85 ↙
Input score of student 9:
84 67 78 76 89 ↙
Input score of student10:
86 75 64 69 90 ↙
```

```
     NO.    cour1  cour2  cour3  cour4  cour5   aver
NO  1   87.00  88.00  92.00  67.00  78.00  82.40
NO  2   88.00  86.00  87.00  98.00  90.00  89.80
NO  3   76.00  75.00  65.00  65.00  78.00  71.80
NO  4   67.00  87.00  60.00  90.00  67.00  74.20
NO  5   77.00  78.00  85.00  64.00  56.00  72.00
NO  6   76.00  89.00  94.00  65.00  76.00  80.00
NO  7   78.00  75.00  64.00  67.00  77.00  72.20
NO  8   77.00  76.00  56.00  87.00  85.00  76.20
NO  9   84.00  67.00  78.00  76.00  89.00  78.80
NO 10   86.00  75.00  64.00  69.00  90.00  76.80

Average:  79.60  79.60  74.50  74.80  78.60
Highest:  98.00  NO. 2  course  4
```

6.13 编写几个函数:

① 输入 10 个职工的姓名和职工号;

② 按职工号由小到大顺序排列,姓名顺序也随之调整;

③ 输入一个职工号,用折半查找法查找出该职工的姓名。从主函数输入要查找的职工号,输出该职工姓名。

解: 用 input 函数完成 10 个职工数据的输入。

用 sort 函数实现选择法排序,其流程类似主教材第 5 章习题 5.2。

用 search() 函数实现折半查找法,找出指定职工号的职工姓名。折半查找的算法参见主教材第 5 章习题 5.9。

定义一个一维整型数组 num 用来存放 10 个职工号;定义一个二维字符型数组 name 用来存放 10 个职工的姓名(假设姓名的长度不超过 8 个字符)。

程序如下:

```c
#include <stdio.h>
#include <string.h>
#define N 10
int main()
{
  void input(int[],char name[][8]);                //函数声明
  void sort(int[],char name[][8]);                 //函数声明
  void search(int,int[],char name[][8]);           //函数声明
  int num[N],number,flag=1,c;
  char name[N][8];
  input(num,name);                                 //调用 input 函数
  sort(num,name);                                  //调用 sort 函数
  while(flag==1)
  {
    printf("\nInput number to look for:");         //提示要查找的职工号
```

```
        scanf("%d",&number);                    //输入职工号
        search(number,num,name);                //调用 search 函数
        printf("Continue or not(Y/N)？");       //询问是否继续查找
        getchar();
        c=getchar();
        if(c=='N'||c=='n')
            flag=0;
    }
    return 0;
}


void input(int num[],char name[N][8])           //输入数据的函数
{
    int i;
    for(i=0;i<N;i++)
    {
        printf("Input NO.: ");
        scanf("%d",&num[i]);
        printf("Input name: ");
        getchar();
        gets(name[i]);
    }
}


void sort(int num[],char name[N][8])            //排序的函数
{
    int i,j,min,temp1;
    char temp2[8];
    for(i=0;i<N-1;i++)
    {
        min=i;
        for(j=i;j<N;j++)
            if(num[min]>num[j])   min=j;
        temp1=num[i];
        strcpy(temp2,name[i]);
        num[i]=num[min];
        strcpy (name[i],name[min]);
        num[min]=temp1;
        strcpy(name[min],temp2);
    }
    printf("\n Result:\n");
    for(i=0;i<N;i++)
        printf("\n %5d%10s",num[i],name[i]);
}
```

```c
void search(int n,int num[],char name[N][8])   //折半查找的函数
{
  int top,bott,mid,loca,sign;
  top=0;
  bott=N-1;
  loca=0;
  sign=1;
  if((n<num[0])||(n>num[N-1]))
    loca=-1;
  while((sign==1) && (top<=bott))
  {
    mid=(bott+top)/2;
    if(n==num[mid])
    {
      loca=mid;
      printf("NO. %d, his name is %s.\n",n,name[loca]);
      sign=-1;
    }
    else if(n<num[mid])
      bott=mid-1;
    else
      top=mid+1;
  }
  if(sign==1 || loca==-1)
    printf("%d not been found.\n",n);
}
```

运行结果：

```
Input NO.: 3↙
Input name: Li↙
Input NO.: 1↙
Input name: Zhang↙
Input NO.: 27↙
Input name: Yang↙
Input NO.: 7↙
Input name: Qian↙
Input NO.: 8↙
Input name: Sun↙
Input NO.: 12↙
Input name: Jiang
Input NO.: 6↙
Input name: Zhao↙
Input NO.: 23↙
Input name: Shen↙
Input NO.: 2↙
```

```
Input name: Wang↙
Input NO.: 26↙
Input name:Han
```

```
Result:
    1      Zhang
    2      Wang
    3       Li
    6      Zhao
    7      Qian
    8       Sun
   12      Jiang
   23      Shen
   26       Han
   27      Yang
```

```
Input number to look for:3↙                    (要找序号为 3 的职工的姓)
NO. 3, his name is Li.
```

```
Continue or not(Y/N)? y↙                       (是否继续查找?Y 或 y 表示'是')
Input number to look for:4↙
4 not been found.
Continue or not(Y/N)? n↙                        (是否继续查找?N 或 n 表示'不是')
```
　　(程序运行结束)

　　6.14　输入 4 个整数 a、b、c、d,要求找出其中最大的数。用函数的递归调用进行处理。

　　解：在主教材第 6 章例 6.3 的 max4 函数中先后 3 次调用 max2,这是函数的嵌套调用。3 次调用是平行的、是先后进行的,调用完第 1 次才调用第 2 次,调用完第 2 次才调用第 3 次,每次调用从两个数中得到最大数,用的是递推方法。

　　也可以换一种思路:

　　(1) 如果能知道前 3 个数中的最大数,只需调用一次 max2 函数就能得到 4 个数中的最大数。于是求 4 个数中最大数的难度就降低为求 3 个数中的最大数的难度了。

　　(2) 现在还不知道前 3 个数中的最大数。如果能知道前 2 个数中的较大数,只要调用一次 max2 函数就能得到 3 个数中的最大数了。于是求 3 个数中的最大数的难度就降低为求 2 个数中的最大数的难度了。

　　(3) 要知道前 2 个数中的较大数并不难,只需调用一次 max2 函数即可。

　　可以表示如下。

　　(1) 4 个数中的最大数＝max2(前 3 个数中的最大数, d)　　　　　　　　　　①

　　　　　　　　　　　　　　　　↓

而"前 3 个数中的最大数"＝max2(前 2 个数中的较大数,c)　　　　　　　　　②

　　(2) 由于前 3 个数中的最大数＝max2(前 2 个数中的较大数,c),因此将用 max2(前 2 个数中的较大数,c)代替式①中的"前 3 个数中的最大数",得到:

79

4 个数中的最大数＝max2(max2(前 2 个数中的较大数,c),d)

↓

而"前 2 个数中的较大数"＝max2(a,b)

(3) 由于前 2 个数中的较大数＝max2(a,b),因此将 max2(a,b)代替式②中的"前 2 个数中的较大数",得到:

4 个数中的最大数＝max2(max2(max2(a,b),c),d)

这就是递归法。可以看到:在调用 max2 函数过程中,需要重复调用 max2 函数,一次又一次递归调用。

想要得到的"4 个数中的最大数"的最后结果是未知的。为了求到它,需要回溯找前一个结果(3 个数中的最大数),但仍然不知道其值,再回溯找其前一结果(前 2 个数中的较大数),此时调用一次 max2 函数就可得到结果了,这就成为已知了。从这个已知的结果可推出 3 个数中的最大数,再从此已知的结果推出 4 个数中的最大数,这就是最后的结果。递归是由两个阶段组成的过程,先进行回溯过程,回溯到某一次可得到一个已知值,然后以此为基础进行递推过程,直到得到最后结果。

程序如下:

```c
#include <stdio.h>
int main()
{
    int max4(int a,int b,int c,int d);          //函数声明
    int a,b,c,d,max;
    printf("Please enter 4 interger numbers:");
    scanf("%d,%d,%d,%d",&a,&b,&c,&d);
    max=max4(a,b,c,d);                          //调用 max4 函数
    printf("max=%d \n",max);
    return 0;
}

int max4(int a,int b,int c,int d)               //定义 max4 函数
{
    int max2(int a,int b);                      //函数声明
    int m;
    m=max2(max2(max2(a,b),c),d);                //仔细分析此行
    return(m);
}

int max2(int a,int b)
{
    return(a>b? a:b);          //"a>b? a:b"是条件表达式。当 a>b 时,表达式的值为 a,否则为 b
}
```

运行结果:

23 567 -2 43↙

80

max=567

说明：请仔细分析 max4 函数中下面的语句：

m=max2(max2(max2(a,b),c),d);

它与主教材第 6 章例 6.3 的嵌套调用不同，是在执行第 1 次 max2 函数的过程中又调用了一次 max2 函数，在执行第 2 次 max2 函数的过程中又第 3 次调用了 max2 函数。即在执行一个函数的过程中又调用这个函数。这种调用就是递归调用。

max4 函数可以简化如下：

```c
int max4(int a,int b,int c,int d)
{
  int max2(int a,int b);                //函数声明
  return(max2(max2(max2(a,b),c),d));    //递归调用 max2 函数
}
```

用一个 return 语句就完成了递归调用 max2 函数和返回 max4 函数值的功能。

6.15 用递归法将一个整数 n 转换成字符串。例如，输入 483，应输出字符串"4 8 3"。n 的位数不确定，可以是任意位数的整数。

解：主函数的 N-S 流程图如图 6.6 所示。

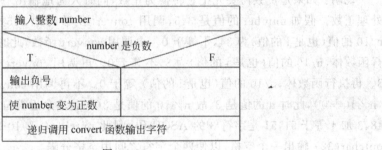

图 6.6

程序如下：

```c
#include <stdio.h>
int main()
{
  void convert(int n);                //函数声明
  int number;
  printf("Input an integer: ");
  scanf("%d",&number);
  printf("Output: ");
  if(number<0)
  {
    putchar('-');putchar(' ');        //先输出一个负号和一个空格
    number=-number;
  }
```

81

```
    convert(number);
    printf("\n");
    return 0;
}

void convert(int n)
{
    int i;
    if((i=n/10)!=0)               //(i=n/10)==0 是递归的回溯过程的终止条件
        convert(i);               //在调用 convert 函数过程中又调用 convert 函数
    putchar(n%10+'0');
    putchar(32);
}
```

运行结果：

① Input an integer: 2345678 ↙
Output: 2 3 4 5 6 7 8
② Input an integer: -345 ↙
Output: -3 4 5

说明：如果是负数需要先把它转换为正数，同时人为地输出一个负号。convert 函数只处理正数。假如 number 的值是 345，调用 convert 函数时把 345 传递给 n。执行函数体，n/10 的值（也是 i 的值）为 34，不等于 0。再调用 convert 函数，此时形参 n 的值为 34。再执行函数体，n/10 的值（也是 i 的值）为 3，不等于 0。再调用 convert 函数，此时形参 n 的值为 3。再执行函数体，n/10 的值（也是 i 的值）等于 0。不再调用 convert 函数，而执行 putchar(n%10+'0')，此时 n 的值是 3，故 n%10 的值是 3（%是求余运算符）。字符'0'的 ASCII 码是 48，3 加 4 等于 51，51 是字符'3'的 ASCII 码，因此 putchar(n%10+'0') 输出字符'3'。接着 putchar(32) 输出一个空格，以使两个字符之间用空格分隔。

然后流程返回到上一次调用 convert 函数处，接着执行 putchar(n%10+'0')。注意此时的 n 是上一次调用 convert 函数时的 n，其值为 34，因此 n%10 的值为 4，再加'0'等于 52，而 52 是字符'4'的 ASCII 码，因此 putchar(n%10+'0') 输出字符'4'。接着 putchar(32) 输出一个空格。

流程又返回到上一次调用 convert 函数处，接着执行 putchar(n%10+'0')。注意此时的 n 是第一次调用 convert 函数时的 n，其值为 345，因此 n%10 的值为 5，再加'0'等于 53，而 53 是字符'5'的 ASCII 码，因此 putchar(n%10+'0') 输出字符'5'。接着 putchar(32) 输出一个空格。

至此，对 convert 函数的递归调用结束，返回主函数，输出一个换行，程序结束。

putchar(n%10+'0') 也可以改写为 putchar(n%10+48)，因为 48 是字符'0'的 ASCII 码。

6.16 给出年、月、日，计算该日是该年的第几天。

解：主函数接收从键盘输入的日期，并调用 sum_day 和 leap 函数计算天数。其 N-S 流程图如图 6.7 所示。sum_day 函数计算输入日期的天数。leap 函数给出是否是闰年的信息。

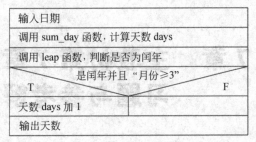

图　6.7

程序如下：

```c
#include <stdio.h>
int main()
{
  int sum_day(int month,int day);    //函数声明
  int leap(int year);                //函数声明
  int year,month,day,days;
  printf("Input date(year,month,day):");
  scanf("%d,%d,%d",&year,&month,&day);
  printf("%d/%d/%d ",year,month,day);
  days=sum_day(month,day);           //调用函数 sum_day
  if(leap(year)&&month>=3)           //调用函数 leap
    days=days+1;
  printf("is the %dth day in this year.\n",days);
  return 0;
}

int sum_day(int month,int day)       //定义 sum_day 函数计算日期
{
  int day_tab[13]={0,31,28,31,30,31,30,31,31,30,31,30,31};
  int i;
  for(i=1;i<month;i++)
    day+=day_tab[i];                 //累加所在月之前的天数
  return(day);
}

int leap(int year)                   //定义函数 leap 判断某一年是否为闰年
{
  int leap;
  leap=year%4==0&&year%100!=0||year%400==0;
  return(leap);
}
```

运行结果：

```
Input date(year,month,day): 2015,10,1↙
2015/10/1 is the 274th day in this year.
```

第7章　主教材第7章的习题与参考解答

提示：本章习题均要求用指针方法处理。

7.1　输入 3 个整数，按由小到大的顺序输出。

解：

```c
#include <stdio.h>
int main()
{
  void swap(int * p1,int * p2);
  int n1,n2,n3;
  int * p1, * p2, * p3;
  printf("Input three integer n1,n2,n3:");
  scanf("%d,%d,%d",&n1,&n2,&n3);
  p1=&n1;
  p2=&n2;
  p3=&n3;
  if(n1>n2) swap(p1,p2);
  if(n1>n3) swap(p1,p3);
  if(n2>n3) swap(p2,p3);
  printf("Now,the order is:%d,%d,%d\n",n1,n2,n3);
  return 0;
}

void swap(int * p1,int * p2)
{
  int p;
  p= * p1; * p1= * p2; * p2=p;
}
```

运行结果：

```
Input three integer n1,n2,n3: 34,21,25↙
Now, the order is: 21,25,34
```

7.2　输入 3 个字符串，按由小到大的顺序输出。

解：

```c
#include <stdio.h>
```

```
#include <string.h>
void main()
{
  void swap(char *,char *);
  char str1[30],str2[30],str3[30];
  printf("Input three lines:\n");
  gets(str1);
  gets(str2);
  gets(str3);
  if(strcmp(str1,str2)>0)  swap(str1,str2);
  if(strcmp(str1,str3)>0)  swap(str1,str3);
  if(strcmp(str2,str3)>0)  swap(str2,str3);
  printf("Now,the order is:\n");
  printf("%s\n%s\n%s\n",str1,str2,str3);
}

void swap(char * p1,char * p2)
{
  char p[30];
  strcpy(p,p1); strcpy(p1,p2); strcpy(p2,p);
}
```

运行结果：

```
Input three lines:
I study very hard.↙
C language is very interesting.↙
He is a professfor.↙
Now,the order is:
C language is very interesting.
He is a professfor.
I study very hard.
```

7.3　输入 10 个整数,将其中最小的数与第一个数交换,把最大的数与最后一个数交换。编写 3 个函数：①输入 10 个数；②进行处理；③输出 10 个数。

解：

```
#include <stdio.h>
int main()
{
  void input(int *);            //函数声明
  void max_min_value(int *);    //函数声明
  void output(int *);           //函数声明
  int number[10];
  input(number);                //调用 input 函数,输入数据
  max_min_value(number);        //调用 max_min_value 函数,交换最大数和最小数
  output(number);               //调用 output 函数,输出数据
```

```
    return 0;
}

void input(int * number)                //定义 input 函数
{
    int i;
    printf("Input 10 numbers:");
    for(i=0;i<10;i++)
        scanf("%d",&number[i]);
}

void max_min_value(int * number)      //定义交换函数
{
    int * max, * min, * p,temp;
    max=min=number;                            //开始时使 max 和 min 都指向第 1 个数
    for(p=number+1;p<number+10;p++)
        if( * p< * min) min=p;        //若 p 指向的数小于 min 指向的数,就使 min 指向 p 指向的小数
    temp=number[0];number[0]= * min; * min=temp;
                                        //将最小数与第 1 个数 number[0]交换
    for(p=number+1;p<number+10;p++)
        if( * p> * max) max=p;        //若 p 指向的数大于 max 指向的数,就使 max 指向 p 指向的大数
    temp=number[9];number[9]= * max; * max=temp;   //将最大数与最后一个数交换
}

void output(int * number)
{
    int * p;
    printf("Now,they are:    ");
    for(p=number;p<number+10;p++)
        printf("%d ", * p);
    printf("\n");
}
```

说明:本题的关键在 max_min_value 函数,请认真分析此函数。形参 number 是指针,局部变量 max、min、p 都定义为指针变量,max 用来指向当前最大的数,min 用来指向当前最小的数。

number 是第 1 个元素 number[0]的地址,开始时执行 max＝min＝number 的作用就是使 max 和 min 都指向第 1 个数 number[0]。然后使 p 指向 10 个数中的第 2 个数。如果发现第 2 个数比第 1 个数 number[0]大,就使 max 指向这个大的数,而 min 仍指向第 1 个数;如果第 2 个数比第 1 个数 number[0]小,就使 min 指向这个小的数,而 max 仍指向第 1 个数。然后使 p 移动指向第 3 个数,处理方法同前。直到 p 指向第 10 个数,并比较完毕为止,此时 max 指向 10 个数中的最大数,min 指向 10 个数中的最小数。假如原来 10 个数是:

$$32 \quad 24 \quad 56 \quad 78 \quad 1 \quad 98 \quad 36 \quad 44 \quad 29 \quad 6$$

在经过比较和交换后,max 和 min 的指向为

$$32 \quad 24 \quad 56 \quad 78 \quad 1 \quad 98 \quad 36 \quad 44 \quad 29 \quad 6$$

$$\uparrow \qquad \uparrow$$

$$\text{min} \quad \text{max}$$

此时,将最小数 1 与第 1 个数(即 number[0])32 交换,将最大数 98 与最后一个数 6 交换。因此应执行以下两行:

```
temp=number[0]; number[0]= * min; * min=temp;//最小数与第 1 个数 number[0]交换
temp=number[9]; number[9]= * max; * max=temp;//将最大数与最后一个数 number[9]交换
```

最后将已改变的数组输出。

运行结果:

```
Input 10 numbers: 32 24 56 78 1 98 36 44 29 6↙
Now, they are:  1 24 56 78 32 6 36 44 29 98
```

但是,需要注意一个特殊的情况,即如果原来 10 个数中第 1 个数 number[0]最大,如:

$$98 \quad 24 \quad 56 \quad 78 \quad 1 \quad 32 \quad 36 \quad 44 \quad 29 \quad 6$$

在经过比较和交换后,max 和 min 的指向为

$$98 \quad 24 \quad 56 \quad 78 \quad 1 \quad 32 \quad 36 \quad 44 \quad 29 \quad 6$$

$$\uparrow \qquad \qquad \uparrow$$

$$\text{max} \qquad \qquad \text{min}$$

在执行完上面第 1 行"temp＝number[0]; number[0]= * min; * min=temp;"后,最小数 1 与第 1 个数 number[0]交换,这个最大数就被调到后面去了(与最小数对调)。

$$1 \quad 24 \quad 56 \quad 78 \quad 98 \quad 32 \quad 36 \quad 44 \quad 29 \quad 6$$

$$\uparrow \qquad \qquad \uparrow$$

$$\text{max} \qquad \qquad \text{min}$$

请注意,数组元素的值改变了,但是 max 和 min 的指向未变,max 仍指向 number[0]。此时如果接着执行下一行:

```
temp=number[9]; number[9]= * max; * max=temp;
```

就会出问题,因为此时 max 并不指向最大数,而指向的是第 1 个数,结果是将第 1 个数(最小数已调到此处)与最后一个数 number[9]对调。结果就变成:

$$6 \quad 24 \quad 56 \quad 78 \quad 98 \quad 32 \quad 36 \quad 44 \quad 29 \quad 1$$

显然不对了。

为此,在以上两行中间加上一行:

```
if(max==number) max=min;
```

由于经过执行"temp＝number[0];number[0]= * min; * min=temp;"后,10 个数的排列为

$$1 \quad 24 \quad 56 \quad 78 \quad 98 \quad 32 \quad 36 \quad 44 \quad 29 \quad 6$$

$$\uparrow \qquad \qquad \uparrow$$

$$\text{max} \qquad \qquad \text{min}$$

max 指向第 1 个数,if 语句判别出 max 和 number 相等(即 max 和 number 都指向 number[0]),而实际上 max 此时指向的已非最大数了,就执行"max=min",使 max 也指向 min 当前的指向。min 原来指向最小数,刚才与 number[0]交换,而 number[0]原来是最大数,所以现在 min 指向的是最大数。执行 max=min 后 max 也指向这个最大数。

$$1 \quad 24 \quad 56 \quad 78 \quad 98 \qquad 32 \quad 36 \quad 44 \quad 29 \quad 6$$

↑
min,max

然后执行

```
temp=number[9];number[9]= * max; * max=temp;
```

就没问题了,实现了把最大数与最后一个数进行交换。

运行结果:

```
Input 10 numbers: 98 24 56 78 1 32 36 44 29 6↙
Now, they are:  1 24 56 78 32 6 36 44 29 98
```

读者可以将上面的"if(max==number) max=min;"删去,再运行程序,输入以上数据,分析一下结果。

也可以采用另一种方法:先找出 10 个数中的最小数,把它和第 1 个数交换;再找出 10 个数中的最大数,把它和最后一个数交换,这样就可以避免出现以上的问题。重写 void max_min_value 函数如下:

```
void max_min_value(int * number)                //交换函数
{
  int * max, * min, * p,temp;
  max=min=number;                               //开始时使 max 和 min 都指向第 1 个数
  for(p=number+1;p<number+10;p++)
    if( * p< * min) min=p;   //若 p 指向的数小于 min 指向的数,就使 min 指向 p 指向的小数
  temp=number[0];number[0]= * min; * min=temp;  //将最小数与第 1 个数 number[0]交换
  for(p=number+1;p<number+10;p++)
    if( * p> * max) max=p;   //若 p 指向的数大于 max 指向的数,就使 max 指向 p 指向的大数
  temp=number[9];number[9]= * max; * max=temp;  //将最大数与最后一个数交换
}
```

这种思路比较容易理解。

这道题有些技巧,请读者仔细分析,学会分析程序运行时出现的各种情况,并善于根据情况予以妥善处理。

7.4 有 n 个整数,使前面各数顺序向后移 m 个位置,最后 m 个数变成最前面 m 个数,如图 7.1 所示。编写一个函数实现以上功能,在主函数中输入 n 个整数和输出调整后的 n 个整数。

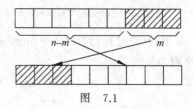

图 7.1

解:

```
# include <stdio.h>
```

```
int main()
{
  void move(int [20],int,int);
  int number[20],n,m,i;
  printf("How many numbers? ");              //问共有多少个数
  scanf("%d",&n);                            //输入 n 的值
  printf("Input %d numbers:\n",n);           //提示输入 n 个数
  for(i=0;i<n;i++)                           //输入 n 个数
    scanf("%d",&number[i]);
  printf("How many place you want move? ");
  scanf("%d",&m);
  move(number,n,m);                          //调用 move 函数
  printf("Now,they are:\n");
  for(i=0;i<n;i++)
    printf("%d  ",number[i]);
  printf("\n");
  return 0;
}

void move(int array[20],int n,int m)         //实现循环后移动的函数
{
  int * p,array_end;
  array_end= * (array+n-1);
  for(p=array+n-1;p>array;p--)
    * p= * (p-1);
  * array=array_end;
  m--;
  if(m>0) move(array,n,m);                   //递归调用 move 函数,当循环次数 m 减至 0
                                             //时,结束调用
}
```

运行结果:

```
How many numbers? 8↙
Input 8 numbers:
12 43 65 67 8 2 7 11↙
How many place you want move? 4↙
Now,they are:
8   2   7 11 12 43 65 67
```

7.5　有 n 个人围成一圈,顺序排号。从第 1 个人开始按 1、2、3 报数,凡报到 3 的人退出圈子,问最后留下的是原来的第几号?

解:这是一个有趣的数字游戏,可以有不同的方法处理。下面用指针处理。N-S 流程图如图 7.2 所示。

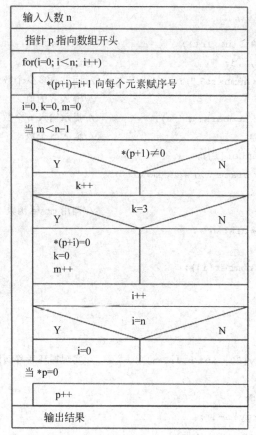

图　7.2

程序如下：

```c
#include <stdio.h>
int main()
{
    int i,k,m,n,num[50],*p;
    printf("\nInput number of person: n=");
    scanf("%d",&n);
    p=num;
    for(i=0;i<n;i++)
        *(p+i)=i+1;              //以 1~n 为序给每个人编号
    i=0;                        //i 为每次循环时的计数变量
    k=0;                        //k 为按 1、2、3 报数时的计数变量
    m=0;                        //m 为退出人数
    while(m<n-1)                //当退出人数比 n-1 少时(即未退出人数大于 1 时)执行循环体
    {
        if(*(p+i)!=0) k++;
        if(k==3)
        {
```

```
    * (p+i)=0;                //对退出的人的编号置为 0
    k=0;
    m++;
   }
   i++;
   if(i==n) i=0;              //报数结束后,i 恢复为 0
  }
  while( * p==0) p++;
  printf("The last one is NO.%d\n", * p);
  return 0;
}
```

运行结果:

Input number of person: n=8 ↙

The last one is NO.7 (最后留在圈子内的是 7 号)

7.6　编写一个函数,求一个字符串的长度。在 main 函数中输入字符串,并输出其长度。

解:

```
#include <stdio.h>
int main()
{
  int length(char * p);
  int len;
  char str[20];
  printf("Input string:  ");
  scanf("%s",str);
  len=length(str);
  printf("The length of string is %d.\n",len);
  return 0;
}

int length(char * p)        //求字符串长度函数
{
  int n;
  n=0;
  while( * p!='\0')
    {n++; p++;}
  return(n);
}
```

运行结果:

Input string: China ↙

The length of string is 5.

91

7.7 有一个字符串,包含 n 个字符。编写一个函数,将此字符串中从第 m 个字符开始的全部字符复制成为另一个字符串。

解:

```
#include <stdio.h>
#include <string.h>
int main()
{
  void copystr(char *,char *,int);
  int m,len;
  char str1[20],str2[20];
  printf("Input string:");
  gets(str1);
  printf("Which character that begin to copy?");
  scanf("%d",&m);
  len=strlen(str1);              //len 为字符串 str1 的长度
  if(m>len)                      //如果输入的 m 值大于字符串的长度,报错
    printf("Input error!");
  else
    {copystr(str1,str2,m); printf("Result:%s\n",str2); };
  return 0;
}

void copystr(char * p1,char * p2,int m)    //字符串部分复制函数
{
  int n;
  n=0;
  while(n<m-1)
    {n++; p1++; }
  while( * p1!='\0')
    { * p2= * p1; p1++; p2++; }
  * p2='\0';
}
```

运行结果:

```
Input string:reading_room↙
Which character that begin to copy? 9↙
Result: room
```

7.8 输入一行文字,找出其中大写字母、小写字母、空格、数字以及其他字符各有多少。
解:

```
#include <stdio.h>
int main()
{
  int upper=0,lower=0,digit=0,space=0,other=0,i=0;
```

```
char * p,s[20];
printf("Input string:   ");
while((s[i]=getchar())!='\n')  i++;
p=&s[0];
while(* p!='\n')
{
  if(('A'<=* p) && (* p<='Z'))
    ++upper;
  else if(('a'<=* p) && (* p<='z'))
    ++lower;
  else if(* p==' ')
    ++space;
  else if((* p<='9') && (* p>='0'))
    ++digit;
  else
    ++other;
  p++;
}
printf("upper case:%d    lower case:%d",upper,lower);
printf("   space:%d    digit:%d       other:%d\n",space,digit,other);
return 0;
}
```

运行结果：

Input string:Today is 2021/1/1↙
upper case: 1 lower case: 6   space: 2   digit: 6   other: 2

7.9 将数组 a 中若干个整数按相反顺序存放，如图 7.3 所示，要求用指针变量作为函数的实参。

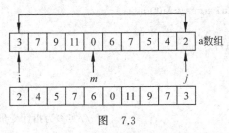

图 7.3

解： 在主教材第 7 章例 7.8 中已经介绍了处理这个问题的思路，即每次把 i 指向的数与 j 指向的数互换。现在用指针变量作为函数的实参编程。

```
#include <stdio.h>
int main()
{
  void inv(int * x,int n);
  int i,arr[10], * p=arr;
  printf("The original array:\n");
```

```
    for(i=0;i<10;i++,p++)
      scanf("%d",p);
    printf("\n");
    p=arr;
    inv(p,10);                              //实参为指针变量
    printf("The array has been inverted:\n");
    for(p=arr;p<arr+10;p++)
      printf("%d ",*p);
    printf("\n");
    return 0;
}


void inv(int *x, int n)
{
    int *p,m,temp,*i,*j;
    m=(n-1)/2;
    i=x;j=x+n-1;p=x+m;
    for(;i<=p;i++,j- )
      {temp=*i;*i=*j;*j=temp;}
    return;
}
```

注意：上面的 main 函数中的指针变量 p 有确定的值。如果在 main 函数中不设数组，只设指针变量，就会出错。假如把主函数修改如下：

```
int main()
{
    void inv(int *x, int n);
    int i,*arr;
    printf("The original array:\n");
    for(i=0;i<10;i++)
      scanf("%d",arr+i);
    printf("\n");
    return 0;
}
    inv(arr,10);                            //实参为指针变量,但未赋值
    printf("The array has been inverted:\n");
    for(p=arr;i<10;i++)
      printf("%d ",*(arr+i));
    printf("\n");
}
```

编译时出错,原因是指针变量 arr 没有确定值,不知道指向哪个变量。下面的使用是不正确的：

```
void main()                        f(x[ ],int n)
{
```

```
int * p;                                {
f(p,10);                                  ⋮
   ⋮                                    }
}
```

注意：如果用指针变量作实参，必须先使指针变量有确定值，并指向一个已定义的对象。

7.10　编写一个函数，将一个 3×3 的整型二维数组转置，即行列互换。

解：

```
#include <stdio.h>
int main()
{
  void move(int * pointer);
  int a[3][3], * p,i;
  printf("Input matrix:\n");
  for(i=0;i<3;i++)
    scanf("%d %d %d",&a[i][0],&a[i][1],&a[i][2]);
      p=&a[0][0];
  move(p);
  printf("Now,matrix:\n");
  for(i=0;i<3;i++)
    printf("%d %d %d\n",a[i][0],a[i][1],a[i][2]);
  return 0;
}

void move(int * pointer)
{
  int i,j,t;
  for(i=0;i<3;i++)
    for(j=i;j<3;j++)
    {
      t= * (pointer+3 * i+j);
      * (pointer+3 * i+j) = * (pointer+3 * j+i);
      * (pointer+3 * j+i) =t;
    }
}
```

运行结果：

```
Input matrix:
1 2 3↙
4 5 6↙
7 8 9↙
Now,matrix:
1 4 7
2 5 8
```

说明：a 是二维数组，实参 p 和形参 pointer 是指向整型数据的指针变量，p 指向数组 0 行 0 列元素 a[0][0]。在调用 move 函数时，将实参 p 的值 &a[0][0] 传递给形参 pointer，在 move 函数中将 a[i][j] 与 a[j][i] 的值互换。由于数组 a 的大小是 3×3，而数组元素是按行排列的，因此 a[i][j] 在数组 a 中是第（3×i+j）个元素。例如，a[2][1] 是数组中第（3×2+1）个元素，即第 7 个元素（序号从 0 算起）。a[i][j] 的地址是（pointer＋3 * i+j），同理，a[j][i] 的地址是（pointer＋3 * j+i）。将 *（pointer＋3 * i+j）和 *（pointer＋3 * j+i）互换，就是将 a[i][j] 和 a[j][i] 互换。

7.11 将一个 5×5 的矩阵（二维数组）中最大的元素放在中心，4 个角分别放 4 个最小的元素（顺序为从左到右、从上到下依次从小到大存放），编写一个函数实现相应功能，用 main 函数调用。

解：
方法一

```c
#include <stdio.h>
int main()
{
  void change(int * p);        //函数声明
  int a[5][5], * p,i,j;
  printf("Input matrix:\n");   //提示输入二维数组各元素
  for(i=0;i<5;i++)
    for(j=0;j<5;j++)
      scanf("%d",&a[i][j]);
  p=&a[0][0];                  //使 p 指向 0 行 0 列元素
  change(p);                   //调用 change 函数实现交换
  printf("Now,matrix:\n");
  for(i=0;i<5;i++)             //输出已交换的二维数组
  {
    for(j=0;j<5;j++)
      printf("%d ",a[i][j]);
    printf("\n");
  }
  return 0;
}

void change(int * p)           //交换函数
{
  int i,j,temp;
  int * pmax, * pmin;
  pmax=p;
  pmin=p;
  for(i=0;i<5;i++)             //寻找最大值和最小值的地址并赋给 pmax、pmin
    for(j=i;j<5;j++)
```

```
    {
        if(*pmax<*(p+5*i+j))   pmax=p+5*i+j;
        if(*pmin>*(p+5*i+j))   pmin=p+5*i+j;
    }
    temp=*(p+12);                    //将最大值换给中心元素
    *(p+12)=*pmax;
    *pmax=temp;
    temp=*p;                         //将最小值换给左上角元素
    *p=*pmin;
    *pmin=temp;
    pmin=p+1;
    for(i=0;i<5;i++)                 //寻找第2个最小值的地址并赋给pmin
        for(j=0;j<5;j++)
            if(((p+5*i+j)!=p) && (*pmin>*(p+5*i+j)))  pmin=p+5*i+j;
    temp=*pmin;                      //将第2个最小值换给右上角元素
    *pmin=*(p+4);
    *(p+4)=temp;
    pmin=p+1;
    for(i=0;i<5;i++)                 //寻找第3个最小值的地址并赋给pmin
        for(j=0;j<5;j++)
            if(((p+5*i+j)!=(p+4))&&((p+5*i+j)!=p)&&(*pmin>*(p+5*i+j)))
                pmin=p+5*i+j;
    temp=*pmin;                      //将第3个最小值换给左下角元素
    *pmin=*(p+20);
    *(p+20)=temp;
    pmin=p+1;
    for(i=0;i<5;i++)                 //寻找第4个最小值的地址并赋给pmin
        for(j=0;j<5;j++)
            if(((p+5*i+j)!=p)&&((p+5*i+j)!=(p+4))&&((p+5*i+j)!=(p+20))
                &&(*pmin>*(p+5*i+j)))
                pmin=p+5*i+j;
    temp=*pmin;                      //将第4个最小值换给右下角元素
    *pmin=*(p+24);
    *(p+24)=temp;
}
```

运行结果：

```
Input matrix:
35 34 33 32 31 ↙
30 29 28 27 26 ↙
25 24 23 22 21 ↙
20 19 18 17 16 ↙
15 14 13 12 11 ↙
Now, matrix:
11 34 33 32 12
```

```
30 29 28 27 26
25 24 35 22 21
20 19 18 17 16
13 23 15 31 14
```

说明：程序中用 change 函数实现题目所要求的元素值的交换，分为以下几个步骤。

① 找出全部元素中的最大值和最小值，将最大值与中心元素互换，将最小值与左上角元素互换。中心元素的地址为 p＋12（该元素是数组中的第 12 个元素——序号从 0 算起）。

② 找出全部元素中的次小值。由于最小值已找到并放在 a[0][0] 中，因此，在这一轮的比较中应不包括 a[0][0]，在其余 24 个元素中值最小的就是全部元素中的次小值。在双重 for 循环中应排除 a[0][0] 参加比较。在 if 语句中，只有满足条件((p＋5 * i＋j)!＝p)才进行比较。不难理解，(p＋5 * i＋j)就是 &a[i][j]，p 的值是 &a[0][0]。((p＋5 * i＋j)!＝p)意味着在 i 和 j 的当前值条件下 &a[i][j] 不等于 &a[0][0] 才满足条件，这样就排除了 a[0][0]。执行双重 for 循环后得到次小值，并将它与右上角元素互换。右上角元素的地址为 p＋4。

③ 找出全部元素中第 3 个最小值，此时 a[0][0] 和 a[0][4]（即左上角和右上角元素）不应参加比较。可以看到：在 if 语句中规定，只有满足条件((p＋5 * i＋j)!＝p)&&((p＋5 * i＋j)!＝(p＋4))才进行比较。((p＋5 * i＋j)!＝p)的作用是排除 a[0][0]，((p＋5 * i＋j)!＝(p＋4))的作用是排除 a[0][4]。(p＋5 * i＋j)是 &a[i][j]，(p＋4)是 &a[0][4]，即右上角元素的地址。满足((p＋5 * i＋j)!＝(p＋4))条件意味着排除了 a[0][4]。执行双重 for 循环后得到除了 a[0][0] 和 a[0][4] 之外的最小值，也就是全部元素中第 3 个最小值，将它与左下角元素互换。左下角元素的地址为 p＋20。

④ 找出全部元素中第 4 个最小值。此时 a[0][0]、a[0][4] 和 a[4][0]（即左上角、右上角和左下角元素）不应参加比较。在 if 语句中规定，只有满足条件((p＋5 * i＋j)!＝p)&&((p＋5 * i＋j)!＝(p＋4))&&((p＋5 * i＋j)!＝(p＋20))才进行比较。((p＋5 * i＋j)!＝p)和((p＋5 * i＋j)!＝(p＋4))的作用前已说明，((p＋5 * i＋j)!＝(p＋20))的作用是排除 a[4][0]，理由与前面介绍的类似。执行双重 for 循环后得到除了 a[0][0]、a[0][4] 和 a[4][0] 以外的最小值，也就是全部元素中第 4 个最小值，将它与右下角元素互换。右下角元素的地址为 p＋24。

上面所说的元素地址是指以元素为单位的地址，p＋24 表示从指针 p 当前位置向前移动 24 个元素的位置。如果用字节地址表示，右下角元素的字节地址应为 p＋4 * 24，其中 4 是整型数据所占的字节数。

方法二

可以改写上面的 if 语句，change 函数可以改写如下。

```
void change(int * p)          //交换函数
{
    int i,j,temp;
    int * pmax, * pmin;
    pmax=p;
    pmin=p;
```

```
for(i=0;i<5;i++)                    //寻找最大值和最小值的地址并赋给 pmax 和 pmin
  for(j=i;j<5;j++)
   {
      if( * pmax< * (p+5 * i+j)) pmax=p+5 * i+j;
      if( * pmin> * (p+5 * i+j)) pmin=p+5 * i+j;
   }
temp= * (p+12);                      //将最大值与中心元素互换
* (p+12) = * pmax;
* pmax=temp;
temp= * p;                          //将最小值与左上角元素互换
* p= * pmin;
* pmin=temp;
pmin=p+1;                           //将 a[0][1]的地址赋给 pmin,从该位置开始寻找最小元素
for(i=0;i<5;i++)                    //寻找第 2 个最小值的地址并赋给 pmin
  for(j=0;j<5;j++)
   {
      if(i==0&&j==0) continue;
      if( * pmin > * (p+5 * i+j)) pmin=p+5 * i+j;
   }
temp= * pmin;                       //将第 2 个最小值与右上角元素互换
* pmin= * (p+4);
* (p+4)=temp;


pmin=p+1;
for(i=0;i<5;i++)                    //寻找第 3 个最小值的地址并赋给 pmin
  for(j=0;j<5;j++)
   {
      if((i==0&&j==0)||(i==0&&j==4)) continue;
      if( * pmin> * (p+5 * i+j)) pmin=p+5 * i+j;
   }
temp= * pmin;                       //将第 3 个最小值与左下角元素互换
* pmin= * (p+20);
* (p+20)=temp;


pmin=p+1;
for(i=0;i<5;i++)                    //寻找第 4 个最小值的地址并赋给 pmin
  for(j=0;j<5;j++)
   {
      if((i==0&&j==0)||(i==0&&j==4)||(i==4&&j==0)) continue;
      if( * pmin> * (p+5 * i+j)) pmin=p+5 * i+j;
   }
temp= * pmin;                       //将第 4 个最小值与右下角元素互换
* pmin= * (p+24);
* (p+24)=temp;
}
```

这种写法可能更容易被一般读者理解。

7.12　在主函数中输入 10 个等长的字符串,用另一个函数对它们进行排序,然后在主函数中输出已经排好序的字符串。

解：

方法一　用字符型二维数组。

```
#include <stdio.h>
#include <string.h>
int main()
{
  void sort(char s[][6]);
  int i;
  char str[10][6];              //实参 p 是指向由 6 个元素组成的一维数组的指针
  printf("Input 10 strings:\n");
  for(i=0;i<10;i++)
    scanf("%s",str[i]);
  sort(str);
  printf("Now,the sequence is:\n");
  for(i=0;i<10;i++)
  printf("%s\n",str[i]);
  return 0;
}

void sort(char s[10][6])        //形参 s 是指向由 6 个元素组成的一维数组的指针
{
  int i,j;
  char * p,temp[10];
  p=temp;
  for(i=0;i<9;i++)
    for(j=0;j<9-i;j++)
      if(strcmp(s[j],s[j+1])>0)
      { //以下 3 行是将 s[j]指向的一维数组的内容与 s[j+1]指向的一维数组的内容互换
        strcpy(p,s[j]);
        strcpy(s[j],s[+j+1]);
        strcpy(s[j+1],p);
      }
}
```

运行结果：

```
Input 10 strings:
China↙
Japan↙
Korea↙
Egypt↙
Nepal↙
```

Burma ↙
Ghana ↙
Sudan ↙
Italy ↙
Libya ↙
Now,the sequence is:
Burma
China
Egypt
Ghana
Italy
Japan
Korea
Libya
Nepal
Sudan

方法二　用指向一维数组的指针作函数参数。关于指向一维数组的指针作函数参数的内容,主教材未作详细介绍。本程序可供深入学习者参考。

```c
#include <stdio.h>
#include <string.h>
int main()
{
  void sort(char ( * p) [6]);
  int i;
  char str[10][6];
  char ( * p) [6];
  printf("Input 10 strings:\n");
  for(i=0;i<10;i++)
    scanf("%s",str[i]);
  p=str;
  sort(p);
  printf("Now,the sequence is:\n");
  for(i=0;i<10;i++)
    printf("%s\n",str[i]);
  return 0;
}

void sort(char ( * s) [6])
{
  int i,j;
  char temp[6], * t=temp;
  for(i=0;i<9;i++)
  for(j=0;j<9-i;j++)
    if(strcmp(s[j],s[j+1])>0)
```

```
    {
      strcpy(t,s[j]);
      strcpy(s[j],s[+j+1]);
      strcpy(s[j+1],t);
    }
}
```

7.13 将 n 个数按输入时顺序的逆序排列,用函数实现。

解:

```
#include <stdio.h>
int main()
{
  void reverse (char * p,int m);
  int i,n;
  char * p,num[20];
  printf("Input n:");
  scanf("%d",&n);
  printf("Please input these numbers:\n");
  for(i=0;i<n;i++)
    scanf("%d",&num[i]);
  p=&num[0];
  reverse(p,n);
  printf("Now,the sequence is:\n");
  for(i=0;i<n;i++)
    printf("%d ",num[i]);
  printf("\n");
  return 0;
}

void reverse(char * p,int m)
{
  int i;
  char temp, * p1, * p2;
  for(i=0;i<m/2;i++)
  {
    p1=p+i;
    p2=p+(m-1-i);
    temp= * p1;
    * p1= * p2;
    * p2=temp;
  }
}
```

运行结果:

Input n:10↙

102

```
Please input these numbers:
10 9 8 7 6 5 4 3 2 1✓
Now, the sequence is:
1 2 3 4 5 6 7 8 9 10
```

7.14　输入一个字符串,内有数字和非数字字符,例如:

```
a123x456 17960? 302tab5876
```

将其中连续的数字作为一个整数,依次存放到数组 a 中。例如,123 放在 a[0],456 放在 a[1]……统计共有多少个整数,并输出这些数。

解:

```c
#include <stdio.h>
int main()
{
  char str[50], * pstr;
  int i, j, k, m, e10, digit, ndigit, a[10], * pa;
  printf("Input a string:\n");
  gets(str);
  pstr=&str[0];                    //字符指针 pstr 的值是数组 str 的首地址
  pa=&a[0];                        //指针 pa 的值是数组 a 的首地址
  ndigit=0;                        //ndigit 代表有多少个整数
  i=0;                             //i 代表字符串中的第几个字符
  j=0;
  while( * (pstr+i)!='\0')
  {
    if((* (pstr+i)>='0') && ( * (pstr+i)<='9'))
      j++;
    else
    {
      if(j>0)
      {
        digit= * (pstr+i-1)-48;          //将个数位赋予 digit
        k=1;
        while(k<j)                       //将含有两位以上数的其他位的数值累计于 digit
        {
          e10=1;
          for(m=1;m<=k;m++)
            e10=e10 * 10;                //e10 代表该位数所应乘的因子
          digit=digit+( * (pstr+i-1-k)-48) * e10;   //将该位数的数值累加于 digit 中
          k++;                           //位数 k 自增
        }
        * pa=digit;                      //将数值赋予数组 a
        ndigit++;
        pa++;                            //指针 pa 指向数组 a 下一元素
        j=0;
```

```
        }
      }
      i++;
    }
    if(j>0)                          //以数字结尾字符串的最后一个数据
    {
      digit= * (pstr+i-1)-48;        //将个数位赋予 digit
      k=1;
      while(k<j)                     //将含有两位以上数的其他位的数值累加于 digit
      {
        e10=1;
        for(m=1;m<=k;m++)
          e10=e10 * 10;
        digit=digit+( * (pstr+i-1-k)-48) * e10;   //将该位数的数值累加于 digit
        k++;                         //位数 k 自增
      }
      * pa=digit;                    //将数值赋给数组 a
      ndigit++;
      j=0;
    }
    printf("There are %d numbers in this line, they are:\n",ndigit);
    j=0;
    pa=&a[0];
    for(j=0;j<ndigit;j++)            //输出数据
      printf("%d ", * (pa+j));
    printf("\n");
    return 0;
}
```

运行结果：

Input a string:

<u>a123x456 7689+89=321/ab23</u>✓

There are 6 numbers in this line. They are:

123 456 7689 89 321 23

7.15 有两个字符串，字符串 a 的内容为"I am a teacher."，字符串 b 的内容为"You are a student."。要求把字符串 b 连接到字符串 a 的后面。即字符串 a 的内容为"I am a teacher. You are a student."。

解：

（1）定义两个指针变量分别指向字符串 a 和 b 的首字符。

（2）使第 1 个指针下移到字符串 a 的'\0'处。

（3）从第 1 个指针变量指向的元素开始，将字符串 b 中的字符逐个复制到字符数组 a 中。

用一个函数来实现字符串连接的功能。

程序如下：

```
#include <stdio.h>
int main()
{
  void link_string(char * arr1, char * arr2);   //函数声明
  char a[40]="I am a teacher.";                  //定义 a 为字符指针变量,指向一个字符串
  char b[]="You are a student.";                 //定义 b 为字符数组,存放一个字符串
  char * p1=a, * p2=b;                           //字符指针变量 p 指向字符数组 b 的首元素
  printf("String a:%s\nstring b:%s\n",p1,p2);    //输出连接前的字符串
  link_string(p1,p2);                            //调用 link_string 函数,指针变量作形参
  printf("Now\nstring a:%s\nstring b:%s\n",a,b); //输出连接后的字符串
  return 0;
}
void link_string(char * arr1, char * arr2)       //形参是字符指针变量
{
  int i;
  for(i=0; * arr1!='\0';i++)
    arr1++;                                      //将指针移动到'\0'处
  for(; * arr2!='\0';arr1++,arr2++)              //只要 a 字符串没有结束就复制到 b 数组
   -{ * arr1= * arr2;}
  arr1='\0';                                     //在复制完成后加一个'\0'
}
```

运行结果：

```
String a: I am a teacher.
String b: You are a student.
Now,
String a: I am a teacher. You are a student.
String b: You are a student.
```

说明：定义字符数组 a,它的长度应能容纳两个字符串,现定义长度为 40。字符数组 b 可不指定长度,它的长度由初始化时的字符串长度决定(不必定义太大,因为不向它增加字符)。字符指针变量 p1、p2 分别指向字符串 a 和 b 的首元素。调用 link_string 函数时以 p1、p2 作实参,将两个字符串的首元素地址传递给形参(字符指针变量 arr1 和 arr2)。这时实参 p1 和形参 arr1 都指向字符数组 a 的首元素(即 a、p1 和 arr1 都指向 a[0]),如图 7.4 (a)所示,实参 p2 和形参 arr2 都指向字符数组 b 的首元素(即 b、p2 和 arr2 都指向 b[0]),如图 7.4(b)所示。

在执行 link_string 函数时,通过第 1 个 for 循环使 arr1 的指向每次下移一个元素,直到遇到'\0'为止,此时 arr1 指向'\0'所在的单元,即图 7.4(a)中的 arr1②。第 2 个 for 循环的作用是把 arr2 每次所指向的字符串 b 中的字符逐个复制到 arr1 当时所指向的元素中。在复制完全部有效字符后,再在 a 字符串的最后加一个'\0',作为字符串 a 结束的标志。

在本例中,由于数组 a 中后部的元素在初始化时已全部默认为'\0',因此在此情况下可以省去最后一条语句"* arr1='\0';",但在一般情况下为了稳妥,应当有此语句。

执行完"＊arr1＝'\0';"语句后，字符数组 a 中各元素的情况和 arr1 的指向如图 7.4(c) 所示。

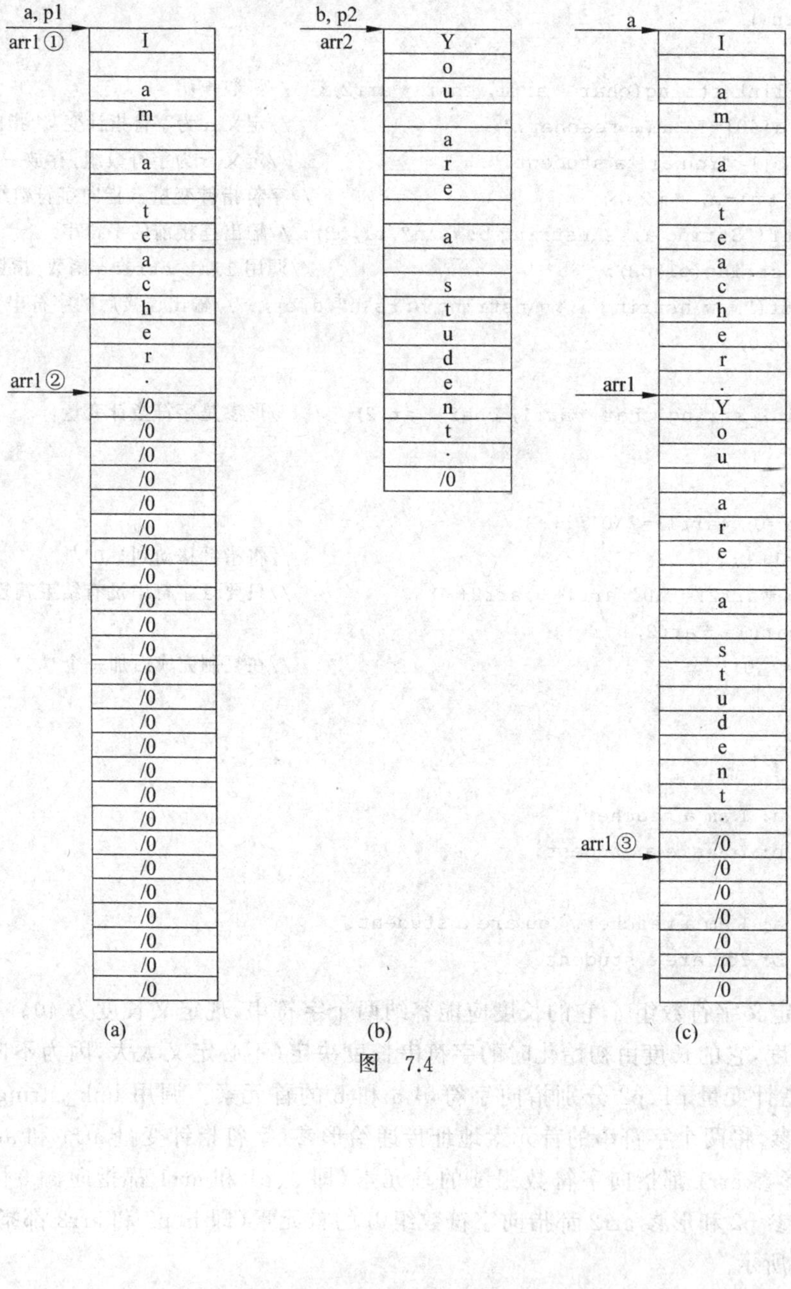

a, p1		b, p2		a	
arr1①	I	arr2	Y		I
	a		o		a
	m		u		m
	a		a		a
			r		
	t		e		t
	e				e
	a		a		a
	c		s		c
	h		t		h
	e		u		e
	r		d		r
arr1②	.		e	arr1	.
	/0		n		Y
	/0		t		o
	/0		.		u
	/0		/0		
	/0				a
	/0				r
	/0				e
	/0				
	/0				a
	/0				s
	/0				t
	/0				u
	/0				d
	/0				e
	/0				n
	/0				t
	/0				.
	/0			arr1③	/0
	/0				/0
	/0				/0
	/0				/0
	/0				/0
	/0				/0
(a)		(b)		(c)	

图 7.4

第8章 主教材第8章的
习题与参考解答

8.1 定义一个结构体变量(包括年、月、日)。计算该日在本年中是第几天。注意闰年问题。

解：正常年份每个月中的天数是已知的,只要给出日期,算出该日在本年中是第几天并不困难。如果是闰年且月份在3月或3月以后时,应增加一天。闰年的规则是：年份能被4和400整除但不能被100整除,如2000、2004、2008年是闰年,2100、2005年不是闰年。

本题可以采用两种方法。

方法一

程序如下：

```c
#include <stdio.h>
struct
{
  int year;
  int month;
  int day;
}date;                              //结构体变量date中的成员对应于输入的年、月、日
int main()
{
  int days;                         //days为天数
  printf("Input year,month,day:");
  scanf("%d,%d,%d",&date.year,&date.month,&date.day);
  switch(date.month)
  {
    case 1: days=date.day;break;
    case 2: days=date.day+31; break;
    case 3: days=date.day+59; break;
    case 4: days=date.day+90; break;
    case 5: days=date.day+120; break;
    case 6: days=date.day+151; break;
    case 7: days=date.day+181; break;
    case 8: days=date.day+212; break;
    case 9: days=date.day+243; break;
    case 10: days=date.day+273; break;
```

```
    case 11: days=date.day+304; break;
    case 12: days=date.day+334; break;
    }
    if((date.year%4==0&&date.year%100!=0||date.year%400==0)&&date.month>=3)
        days+=1;
    printf("%d/%d is the %dth day in %d.\n",date.month,date.day,days,date.year);
    return 0;
}
```

运行结果：

```
Input year,month,day: 2016,10,1↙
10/1 is the 275th day in 2016.
```

方法二
程序如下：

```
#include <stdio.h>
struct
{
    int year;
    int month;
    int day;
}date;
int main()
{
    int i,days;
    int day_tab[13]={0,31,28,31,30,31,30,31,31,30,31,30,31};
    printf("Input year,month,day:");
    scanf("%d,%d,%d",&date. year,&date.month,&date.day);
    days=0;
    for(i=1;i<date.month;i++)
        days=days+day_tab[i];
    days=days+date.day;
    if((date.year%4==0 && date.year%100!=0||date.year%400==0)&&date.month>=3)
        days=days+1;
    printf("%d/%d is the %dth day in %d.\n",date.month,date.day,days,date.year);
    return 0;
}
```

运行结果：

```
Input year,month,day:  2016,5,1↙
5/1 is the 122th day in 2016.
```

8.2 编写一个函数 days，实现习题 8.1 的计算。由主函数将年、月、日传递给 days 函数，计算后将天数传回主函数输出。

解： 函数 days 的程序结构与习题 8.1 基本相同。

方法一

程序如下：

```c
#include <stdio.h>
struct y_m_d
{
  int year;
  int month;
  int day;
}date;
int main()
{
  int days(struct y_m_d date1);
  printf("Input year,month,day:");
  scanf("%d,%d,%d",&date.year,&date.month,&date.day);
  printf("%d/%d is the %dth day in %d.\n",date.month,date.day,days(date),date.
    year);
  return 0;
}

int days(struct y_m_d date1)          //形参 date1 属于 struct y_m_d 结构体类型
{
  int sum;
  switch(date1.month)
  {
    case 1: sum=date1.day; break;
    case 2: sum=date1.day+31; break;
    case 3: sum=date1.day+59; break;
    case 4: sum=date1.day+90; break;
    case 5: sum=date1.day+120; break;
    case 6: sum=date1.day+151; break;
    case 7: sum=date1.day+181; break;
    case 8: sum=date1.day+212; break;
    case 9: sum=date1.day+243; break;
    case 10: sum=date1.day+273; break;
    case 11: sum=date1.day+304; break;
    case 12: sum=date1.day+334; break;
  }
  if((date1.year%4==0&&date1.year%100!=0||date1.year%400==0)&&date1.month>=3)
    sum+=1;
  return(sum);
}
```

运行结果：

```
Input year,month,day: 2014,12,25↙
```

12/25 is the 359th day in 2014.

在本程序中,days 函数的参数为 struct y_m_d 结构体类型。在主函数的第 2 个 printf 语句的输出项中有一项为 days(date),调用 days 函数,实参为结构体变量 date。通过虚实结合,将实参 date 中各成员的值传递给形参 date1 中各相应成员。在 days 函数中检验其中 month 的值,根据它的值计算出天数 sum,将 sum 的值返回主函数输出。

方法二

程序如下:

```c
#include <stdio.h>
struct y_m_d
{
  int year;
  int month;
  int day;
}date;
int main()
{
  int days(int year,int month,int day);
  int days(int,int,int);
  int day_sum;
  printf("Input year,month,day:");
  scanf("%d,%d,%d",&date.year,&date.month,&date.day);
  day_sum=days(date.year,date.month,date.day);
  printf("%d/%d is the %dth day in %d.\n",date.month,date.day,day_sum,date.
    year);
  return 0;
}

int days(int year,int month,int day)
{
  int day_sum,i;
  int day_tab[13]={0,31,28,31,30,31,30,31,31,30,31,30,31};
  day_sum=0;
  for(i=1;i<month;i++)
    day_sum+=day_tab[i];
  day_sum+=day;
  if((year%4==0&&year%100!=0||year%4==0)&&month>=3)
    day_sum+=1;
  return(day_sum);
}
```

运行结果:

```
Input year,month,day: 2100,8,15
8/15 is the 228th day in 2100.
```

在本程序中，days 函数的参数为结构体变量的成员 year、month、day，而不是整个结构体变量。

可以看到，在定义了结构体变量后，再使用时有不同的方法。

8.3　编写一个 print 函数，打印一个学生的成绩数组。该数组中有 5 个学生的数据记录，每个记录包括 num、name、score[3]。用主函数输入这些记录，用 print 函数输出这些记录。

解：

```c
#include <stdio.h>
#define N 5
struct student
{
  char num[6];
  char name[8];
  int score[4];
}stu[N];

int main()
{
  void print(struct student stu[6]);
  int i,j;
  for(i=0;i<N;i++)
  {
    printf("\nInput score of student %d:\n",i+1);
    printf("NO.: ");
    scanf("%s",stu[i].num);
    printf("Name: ");
    scanf("%s",stu[i].name);
    for(j=0;j<3;j++)
      {printf("Score %d:",j+1); scanf("%d",&stu[i].score[j]);}
    printf("\n");
  }
  print(stu);
  return 0;
}

void print(struct student stu[6])
{
  int i,j;
  printf("\n NO.    name    score1  score2  score3\n");
  for(i=0;i<N;i++)
  {
    printf("%5s%10s",stu[i].num,stu[i].name);
    for(j=0;j<3;j++)
      printf("%9d",stu[i].score[j]);
```

```
        printf("\n");
    }
}
```

运行结果：

Input score of student 1:
NO.: 101↙
Name: Li↙
Score1: 90↙
Score2: 79↙
Score3: 89↙

Input score of student 2:
NO.: 102↙
Name: Ma↙
Score1: 97↙
Score2: 90↙
Score3: 68↙

Input score of student 3:
NO.: 103↙
Name: Wang↙
Score1: 77↙
Score2: 70↙
Score3: 78↙

Input score of student 4:
NO.: 104↙
Name: Fan↙
Score1: 67↙
Score2: 89↙
Score3: 56

Input score of student 5:
NO.: 105↙
Name: Xue↙
Score1: 87↙
Score2: 65↙
Score3: 69↙

NO.	name	score1	score2	score3
101	Li	90	79	89
102	Ma	97	90	68
103	Wang	77	70	78
104	Fan	67	89	56
105	Xue	87	65	69

8.4 在习题 8.3 的基础上编写一个函数 input,用来输入 5 个学生的数据记录。

解:input 函数的程序结构类似于习题 8.3 中主函数的相应部分。

写出 input 函数程序如下:

```
struct student
{
  char num[6];
  char name[8];
  int score[4];
} stu[N];

void input(struct student stu[])
{
  int i,j;
  for(i=0;i<N;i++)
  {
    printf("Input scores of student %d:\n",i+1);
    printf("NO.: ");
    scanf("%s",stu[i].num);
    printf("Name:   ");
    scanf("%s",stu[i].name);
    for(j=0;j<3;j++)
    {
      printf("Score %d:",j+1);
      scanf("%d",&stu[i].score[j]);
    }
    printf("\n");
  }
}
```

编写一个 main 函数,调用 input 函数以及习题 8.3 中提供的 print 函数,即可完成对学生数据的输入和输出。

程序如下:

```
#include <stdio.h>
#define N 5
struct student
{
  char num[6];
  char name[8];
  int score[4];
} stu[N];

int main()
{
  void input(struct student stu[]);
```

```
void print(struct student stu[]);
input(stu);
print(stu);
return 0;
}

void input(struct student stu[])
{
    int i,j;
    for(i=0;i<N;i++)
    {
        printf("Input scores of student %d:\n",i+1);
        printf("NO.: ");
        scanf("%s",stu[i].num);
        printf("Name:  ");
        scanf("%s",stu[i].name);
        for(j=0;j<3;j++)
        {
            printf("Score %d:",j+1);
            scanf("%d",&stu[i].score[j]);
        }
        printf("\n");
    }
}

void print(struct student stu[6])
{
    int i,j;
    printf("\n  NO.      name    score1   score2   score3\n");
    for(i=0;i<N;i++)
    {
        printf("%5s%10s",stu[i].num,stu[i].name);
        for(j=0;j<3;j++)
            printf("%9d",stu[i].score[j]);
        printf("\n");
    }
}
```

运行情况与习题 8.3 相同。

8.5 有 10 个学生,每个学生的数据包括学号、姓名、3 门课程的成绩。输入 10 个学生的数据,要求输出 3 门课程总平均成绩,以及最高分的学生的数据(包括学号、姓名、3 门课程的成绩、平均分数)。

解:N-S 流程图如图 8.1 所示。

程序如下:

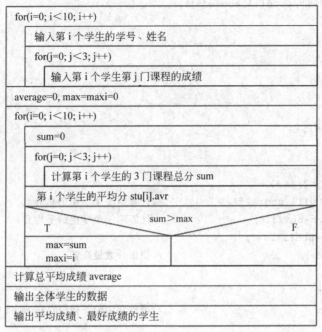

图　8.1

```
#include <stdio.h>
#define N 10
struct student
{
  char num[6];
  char name[8];
  float score[3];
  float avr;
}stu[N];

int main()
{
  int i,j,maxi;
  float sum,max,average;
  //输入数据
  for(i=0;i<N;i++)
  {
    printf("Input scores of student %d:\n",i+1);
    printf("NO.:");
    scanf("%s",stu[i].num);
    printf("Name:");
    scanf("%s",stu[i].name);
    for(j=0;j<3;j++)
    {
      printf("Score %d:",j+1);
```

```
        scanf("%f",&stu[i].score[j]);
        }
    }
    //计算
    average=0;
    max=0;
    maxi=0;
    for(i=0;i<N;i++)
    {
        sum=0;
        for(j=0;j<3;j++)
            sum+=stu[i].score[j];           //计算第 i 个学生的总分
        stu[i].avr=sum/3.0;                 //计算第 i 个学生的平均分
        average+=stu[i].avr;
        if(sum>max)                         //找出分数最高者
        {
            max=sum;
            maxi=i;                         //将此学生的下标保存在 maxi 中
        }
    }
    average=average/N                       //计算总平均分数
    //输出
    printf(" NO.      name score1  score2  score3    average\n");
    for(i=0;i<N;i++)
    {
        printf("%5s%10s",stu[i].num,stu[i].name);
        for(j=0;j<3;j++)
            printf("%9.2f",stu[i].score[j]);
        printf("   %8.2f\n",stu[i].avr);
    }
    printf("Average=%5.2f\n",average);
    printf("The highest score is : student %s,%s\n",stu[maxi].num,stu[maxi].name);
    printf("His scores are:%6.2f,%6.2f,%6.2f,average:%5.2f.\n",stu[maxi].score[0],
        stu[maxi].score[1],stu[maxi].score[2],stu[maxi].avr);
}
```

说明：max 为当前最好成绩，maxi 为当前最好成绩所对应的下标序号，sum 为第 i 个学生的总成绩。

运行结果：

```
Input scores of student 1:
NO.: 101↙
Name: Wang↙
Score1: 93↙
Score2: 89↙
Score3: 87↙
```

Input scores of student 2:

NO.: 102

Name: Li

Score1: 85

Score2: 80

Score3: 78

Input scores of student 3:

NO.: 103

Name: Zhao

Score1: 65

Score2: 70

Score3: 59

Input scores of student 4:

NO.: 104

Name: Ma

Score1: 77

Score2: 70

Score3: 83

Input scores of student 5:

NO.: 105

Name: Han

Score1: 70

Score2: 67

Score3: 60

Input scores of student 6:

NO.: 106

Name: Zhang

Score1: 99

Score2: 97

Score3: 95

Input scores of student 7:

NO.: 107

Name: Zhou

Score1: 88

Score2: 89

Score3: 88

Input scores of student 8:

NO.: 108

Name: Chen

Score1: 87

Score2: 88

Score3: 85

Input scores of student 9:

NO.: 109

Name: Yang

```
Score1: 72↙
Score2: 70↙
Score3: 69↙
Input scores of student 10:
NO.: 110↙
Name: Liu↙
Score1: 78↙
Score2: 80↙
Score3: 83↙
```

NO.	name	score1	score2	score3	average
101	Wang	93	89	87	89.67
102	Li	85	80	78	81.00
103	Zhao	65	70	59	64.67
104	Ma	77	70	83	76.67
105	Han	70	67	60	65.67
106	Zhang	99	97	95	97.00
107	Zhou	88	89	88	88.33
108	Chen	87	88	85	86.67
109	Yang	72	70	69	70.33
110	Liu	78	80	83	80.33

```
Average = 80.03
The highest score is: student 106, Zhang.
His scores are: 99.00, 97.00, 95.00, average: 97.00
```

第9章 主教材第9章的习题与参考解答

9.1 从键盘输入一个字符串,将其中的小写字母全部转换成大写字母,然后输出到一个磁盘文件 test 中保存。输入的字符串以"!"结束。

解:

```c
#include <stdio.h>
#include <string.h>
#include <stdlib.h>
int main ()
{
  FILE * fp;
  char str[100];
  int i=0;
  if((fp=fopen("a1","w"))==NULL)
  {
    printf("Can not open this file\n");
    exit(0);
  }
  printf("Input a string:\n");
  gets(str);
  while(str[i]!='!')
  {
    if(str[i]>='a'&& str[i]<='z')
      str[i]=str[i]-32;                    //将小写字母转换成大写字母
    fputc(str[i],fp);                      //逐个字符输出到 fp 指向的文件
    i++;
  }
  fclose(fp);                              //关闭 a1 文件
  fp=fopen("a1","r");                      //再以 r 方式打开 a1 文件
  fgets(str,strlen(str)+1,fp);             //从 a1 文件读入字符串
  printf("%s\n",str);                      //在屏幕输出字符串
  fclose(fp);
  return 0;
}
```

运行结果：

```
Input a string:
i love china!↙
I LOVE CHINA
```

9.2　有两个磁盘文件 A 和 B,各存放一行字母,要求把这两个文件中的信息合并(按字母顺序排列),并输出到一个新文件 C 中。

解：先用习题 9.1 的程序建立两个文件 A 和 B,内容分别是"I LOVE CHINA"和"I LOVE BEIJING"。

在程序中分别将 A、B 文件的内容读出放到数组 c 中,再对数组 c 中的数据进行排序。最后将数组内容写到 C 文件中。N-S 流程图如图 9.1 所示。

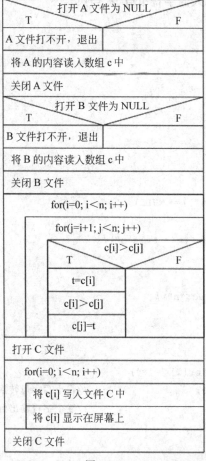

图　9.1

程序如下：

```c
#include <stdio.h>
#include <stdlib.h>
int main ()
```

```
{
    FILE * fp;
    int i,j,n,i1;
    char c[100],t,ch;
    if((fp=fopen("a1","r"))==NULL)
    {
        printf("\nCan not open file\n");
        exit(0);
    }
    printf("File A :\n");
    for(i=0;(ch=fgetc(fp))!=EOF;i++)
    {
        c[i]=ch;
        putchar(c[i]);
    }
    fclose(fp);

    i1=i;
    if((fp=fopen("b1","r"))==NULL)
    {
        printf("\nCan not open file\n");
        exit(0);
    }
    printf("\nFile B:\n");
    for(i=i1;(ch=fgetc(fp))!=EOF;i++)
    {
        c[i]=ch;
        putchar(c[i]);
    }
    fclose(fp);

    n=i;
    for(i=0;i<n;i++)
        for(j=i+1;j<n;j++)
            if(c[i]>c[j])
                {t=c[i]; c[i]=c[j];c[j]=t;}
    printf("\nFile C :\n");
    fp=fopen("c1","w");
    for(i=0;i<n;i++)
        {putc(c[i],fp); putchar(c[i]);}
    printf("\n");
    fclose(fp);
    return 0;
}
```

运行结果:

```
File A:
I LOVE CHINA            (磁盘文件 A 中的内容)
File B:
I LOVE BEIJING          (磁盘文件 B 中的内容)
File C:
    ABCEEEGHIIIIIJLLNNOOVV            (合并后存放在磁盘文件 C 中)
```

9.3 有 5 个学生,每个学生有 3 门课程的成绩。输入学生数据(包括学号、姓名、3 门课程的成绩),计算出平均成绩,将原有数据和计算出的平均成绩存放在磁盘文件 stud 中。

解: 本题可以采用两种方法。

方法一 N-S 流程图如图 9.2 所示。

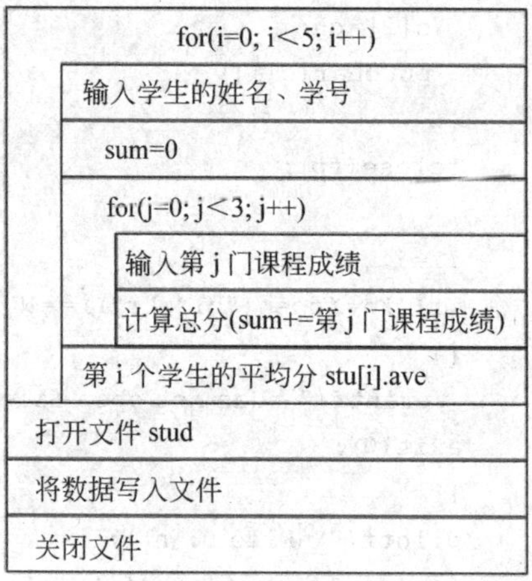

程序如下:

```c
#include <stdio.h>
struct student
{
  char num[10];
  char name[8];
  int score[3];
  float ave;
} stu[5];

int main()
{
  int i,j,sum;
  FILE * fp;
  for(i=0;i<5;i++)
  {
    printf("Input score of student %d:\n",i+1);
    printf("NO.:");
    scanf("%s",stu[i].num);
    printf("Name:");
    scanf("%s",stu[i].name);
    sum=0;
    for(j=0;j<3;j++)
    {
      printf("Score %d:",j+1);
      scanf("%d",&stu[i].score[j]);
      sum=sum+stu[i].score[j];
    }
    stu[i].ave=sum/3.0;
  }
  //将数据写入文件中
  fp=fopen("stud","w");
```

图 9.2 的 N-S 流程图内容如下:

for(i=0; i<5; i++)
输入学生的姓名、学号
sum=0
for(j=0; j<3; j++)
输入第 j 门课程成绩
计算总分(sum+=第 j 门课程成绩)
第 i 个学生的平均分 stu[i].ave
打开文件 stud
将数据写入文件
关闭文件

图 9.2

```
for(i=0;i<5;i++)
  if(fwrite(&stu[i],sizeof(struct student),1,fp)!=1)
    printf("File write error.\n");
fclose(fp);

fp=fopen("stud","r");
for(i=0;i<5;i++)
{
  fread(&stu[i],sizeof(struct student),1,fp);
  printf("\n%s,%s,%d,%d,%d,%6.2f\n",stu[i].num,stu[i].name,stu[i].score[0],
    stu[i].score[1],stu[i].score[2],stu[i].ave);
}
return 0;
}
```

运行结果：

```
Input score of student 1:
NO.: 110✓
Name: Li✓
Score1: 90✓
Score2: 89✓
Score3: 88✓

Input score of student 2:
NO.: 120✓
Name: Wang✓
Score1: 80✓
Score2: 79✓
Score3: 78✓

Input score of student 3:
NO.: 130✓
Name: Chen✓
Score1: 70✓
Score2: 69✓
Score3: 68✓

Input score of student 4:
NO.: 140✓
Name: Ma✓
Score1: 100✓
Score2: 99✓
Score3: 98✓

Input score of student 5:
```

```
NO.: 150
Name: Wei
Score1: 60
Score2: 59
Score3: 58

110,Li,90,89,88, 89.00
120,Wang,80,79,78, 79.00
130,Chen,70,69,68, 69.00
140,Ma,100,99,98, 99.00
150,Wei,60,59,58, 59.00
```

说明：在程序的第一个 for 循环中，有两个 printf 函数语句用来提示用户输入数据，即 "printf("Input score of student %d：\n",i＋1);"和"printf("score %d：",j＋1);"，其中用 i＋1 和 j＋1 而不是用 i 和 j 是为了显示提示时序号从 1 开始，即学生 1 和成绩 1（而不是学生 0 和成绩 0），以符合人们的习惯，但在内存中数组元素下标仍从 0 开始。

程序最后 5 行用来检查文件 stud 中的内容是否正确，从结果来看是正确的。请注意，用 fwrite 函数向文件输出数据时不是以 ASCII 码方式输出字符，而是按内存中存储数据的方式输出（例如，一个整数占 2（或 4）个字节，一个实数占 4 个字节），因此不能用 type 命令输出该文件中的数据。

方法二 也可以用下面的程序来实现。

程序如下：

```c
#include <stdio.h>
#define SIZE 5
struct student
{
  char name[10];
  int num;
  int score[3];
  float ave;
} stud[SIZE];

int main()
{
  void save(void);                    //函数声明
  int i;
  float sum[SIZE];
  FILE * fp1;
  for(i=0;i<SIZE;i++)                 //输入数据,并求每个学生的平均分
  {
    scanf("%s %d %d %d %d",stud[i].name,&stud[i].num,&stud[i].score[0],
      &stud[i].score[1],stud[i].score[2]);
    sum[i]=stud[i].score[0]+stud[i].score[1]+stud[i].score[2];
    stud[i].ave=sum[i]/3;
```

```
        }
        save();                              //调用 save 函数,向 stu.dat 文件输出数据
        fp1=fopen("stu.dat","rb");           //用只读方式打开 stu.dat 文件
        printf("\n name     NO.   score1  score2  score3  ave\n");
        printf("-----------------------------------\n");                //输出表头
        for(i=0;i<SIZE;i++)                  //从文件读入数据并在屏幕中输出
        {
            fread(&stud[i],sizeof(struct student),1,fp1);
            printf("%-10s %3d %7d %7d %7d %8.2f\n",stud[i].name,stud[i].num,
                stud[i].score[0],stud[i].score[1],stud[i].score[2],stud[i].ave);
        }
        fclose (fp1);
        return 0;
    }


    void save(void)                          //向文件输出数据的函数
    {
        FILE * fp;
        int i;
        if((fp=fopen("stu.dat","wb"))==NULL)
        {
            printf("The file can not open\n");
            return;
        }
        for(i=0;i<SIZE;i++)
            if(fwrite(&stud[i],sizeof(struct student),1,fp)!=1)
            {
                printf("File write error.\n");
                return;
            }
        fclose(fp);
    }
```

运行结果:

Zhang 101 77 78 98↙
Li 102 67 78 88↙
Wang 103 89 99 97↙
Wei 104 77 76 98↙
Tan 105 78 89 97↙

```
name     NO.   score1  score2  score3    ave
-----------------------------------------------
Zhang    101    77      78      98      84.33
Li       102    67      78      88      77.67
```

125

Wang	103	89	99	97	95.00
Wei	104	77	76	98	83.67
Tan	105	78	89	97	88.00

本程序用 save 函数将数据写到磁盘文件上,再从文件读回,然后用 printf 函数输出。从运行结果可以看到文件中的数据是正确的。

9.4 将习题 9.3 的 stud 文件中的学生数据按平均分进行排序处理,将已经排序的学生数据存入一个新文件 stu_sort 中。

解:本题可以采用两种方法。

方法一 N-S 流程图如图 9.3 所示。

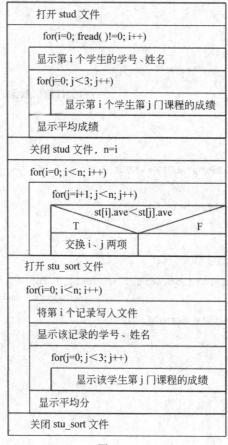

图 9.3

程序如下:

```c
#include <stdio.h>
#include <stdlib.h>
#define N 10
struct student
{
  char num[10];
```

```
    char name[8];
    int score[3];
    float ave;
} st[N],temp;

int main()
{
    FILE * fp;
    int i,j,n;
    //读文件
    if((fp=fopen("stud","r"))==NULL)
      {
        printf("Can not open.\n");
        exit(0);
      }
    printf("File stud: ");
    for(i=0;fread(&st[i],sizeof(struct student),1,fp)!=0;i++)
    {
      printf("\n%8s%8s",st[i].num,st[i].name);
      for(j=0;j<3;j++)
        printf("%8d",st[i].score[j]);
      printf("%10.2f",st[i].ave);
    }
    printf("\n");
    fclose(fp);
    n=i;
    //排序
    for(i=0;i<n;i++)
      for(j=i+1;j<n;j++)
        if(st[i].ave <st[j].ave)
        {
          temp=st[i];
          st[i]=st[j];
          st[j]=temp;
        }
    //输出
    printf("\nNow:");
    fp=fopen("stu_sort","w");
    for(i=0;i<n;i++)
    {
        fwrite(&st[i],sizeof(struct student),1,fp);
        printf("\n%8s%8s",st[i].num,st[i].name);
        for(j=0;j<3;j++)
          printf ("%8d",st[i].score[j]);
        printf("%10.2f",st[i].ave);
```

```
    }
    printf("\n");
    fclose(fp);
    return 0;
}
```

运行结果：

```
File stud:
    110      Li      90      89      88      89.00
    120      Wang    80      79      78      79.00
    130      Chen    70      69      68      69.00
    140      Ma     100      99      98      99.00
    150      Wei     60      59      58      59.00
Now:
    140      Ma     100      99      98      99.00
    110      Li      90      89      88      89.00
    120      Wang    80      79      78      79.00
    130      Chen    70      69      68      69.00
    150      Wei     60      59      58      59.00
```

方法二 与习题 9.3 方法二相对应，可以使用下面的程序来实现本题的要求。

```c
#include <stdio.h>
#include <stdlib.h>
#define SIZE 5
struct student
{
    char name[10];
    int num;
    int score[3];
    float ave;
} stud[SIZE],work;
int main()
{
    void sort(void);
    int i;
    FILE * fp;
    sort();
    fp=fopen("stud_sort.dat","rb");
    printf("Sorted student's scores list as follow.\n");
    printf("---------------------------------------------------\n");
    printf(" name      NO.    score1  score2  score3    ave   \n");
    printf("---------------------------------------------------\n");
    for(i=0;i<SIZE;i++)
    {
        fread(&stud[i],sizeof(struct student),1,fp);
```

```
    printf("%-10s %3d %8d %8d %8d %9.2f\n",stud[i].name,stud[i].num,
      stud[i].score[0],stud[i].score[1],stud[i].score[2],stud[i].ave);
  }
  fclose(fp);
  return 0;
}

void sort(void)
{
  FILE  * fp1, * fp2;
  int i,j;
  if((fp1=fopen("stu.dat","rb"))==NULL)
  {
    printf("The file can not open.\n\n");
    exit(0);
  }
  if((fp2=fopen("stud_sort.dat","wb"))==NULL)
  {
    printf("The file write error.\n");
    exit(0);
  }
  for(i=0;i<SIZE;i++)
    if(fread(&stud[i],sizeof(struct student),1,fp1)!=1)
    {
      printf("File read error.\n");
      exit(0);
    }
  for(i=0;i<SIZE;i++)
  {
    for(j=i+1;j<SIZE;j++)
      if(stud[i].ave<stud[j].ave)
      {
        work=stud[i];
        stud[i]=stud[j];
        stud[j]=work;
      }
      fwrite(&stud[i],sizeof(struct student),1,fp2);
  }
  fclose(fp1);
  fclose(fp2);
}
```

运行结果：

Sorted student's scores list as follow

129

```
-------------------------------------------------
name      NO.   score1  score2  score3    ave
-------------------------------------------------
Wang      103    89      99      97      95.00
Tan       105    78      89      97      88.00
Zhang     101    77      78      98      84.33
Wei       104    77      76      98      83.67
Li        102    67      78      88      77.67
```

9.5 将习题 9.4 已经完成排序的学生成绩文件进行插入处理,插入一个学生的 3 门课程成绩。程序先计算新插入学生的平均成绩,然后将它按成绩高低顺序插入,插入后建立一个新文件。

N-S 流程图如图 9.4 所示。

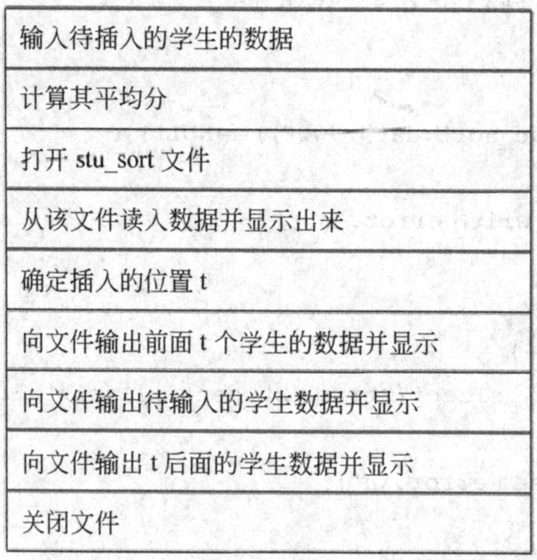

输入待插入的学生的数据
计算其平均分
打开 stu_sort 文件
从该文件读入数据并显示出来
确定插入的位置 t
向文件输出前面 t 个学生的数据并显示
向文件输出待输入的学生数据并显示
向文件输出 t 后面的学生数据并显示
关闭文件

图 9.4

程序如下:

```c
#include <stdio.h>
#include <stdlib.h>
struct student
{
  char num[10];
  char name[8];
  int score[3];
  float ave;
} st[10],s;

int main()
{
  FILE * fp, * fp1;
  int i,j,t,n;
  printf("\nNO.:");
  scanf("%s",s.num);
```

```
    printf("Name:");
    scanf("%s",s.name);
    printf("Score1,score2,score3:");
    scanf("%d,%d,%d",&s.score[0],&s.score[1],&s.score[2]);
    s.ave=(s.score[0]+s.score[1]+s.score[2])/3.0;
//从文件读数据
    if((fp=fopen("stu_sort","r"))==NULL)
    {
        printf("Can not open file.");
        exit(0);
    }
    printf("Original data:\n");
    for(i=0;fread(&st[i],sizeof(struct student),1,fp)!=0;i++)
    {
        printf("\n%8s%8s",st[i].num,st[i].name);
        for(j=0;j<3;j++)
            printf("%8d",st[i].score[j]);
        printf("%10.2f",st[i].ave);
    }
    n=i;
    for(t=0;st[t].ave>s.ave && t<n;t++);
    //向文件写数据
    printf("\nNow:\n");
    fp1=fopen("sort1.dat","w");
    for(i=0;i<t;i++)
    {
        fwrite(&st[i],sizeof(struct student),1,fp1);
        printf("\n %8s%8s",st[i].num,st[i].name);
        for(j=0;j<3;j++)
            printf("%8d",st[i].score[j]);
        printf("%10.2f",st[i].ave);
    }
    fwrite(&s,sizeof(struct student),1,fp1);
    printf("\n %8s %7s %7d %7d %7d%10.2f",s.num,s.name,s.score[0],s.score[1],s.
        score[2],s.ave);
    for(i=t;i<n;i++)
    {
        fwrite(&st[i],sizeof(struct student),1,fp1);
        printf("\n %8s%8s",st[i].num,st[i].name);
        for(j=0;j<3;j++)
            printf("%8d",st[i].score[j]);
        printf("%10.2f",st[i].ave);
    }
    printf("\n");
    fclose(fp);
    fclose(fp1);
}
```

131

运行结果：

NO.: 160↙
Name: Tan↙
Score1,score2,score3: 98,97,98↙
Original data:

140	Ma	100	99	98	99.00
110	Li	90	89	88	89.00
120	Wang	80	79	78	79.00
130	Chen	70	69	68	69.00
150	Wei	60	59	58	59.00

Now:

140	Ma	100	99	98	99.00
160	Tan	98	97	98	97.67
110	Li	90	89	88	89.00
120	Wang	80	79	78	79.00
130	Chen	70	69	68	69.00
150	Wei	60	59	58	59.00

为节省篇幅,本题和习题 9.6 不再给出类似习题 9.4"方法二"的程序,请读者自己编写程序。

9.6 习题 9.5 的结果仍存入原有的 stu_sort 文件而不另建新文件。

解：

```c
#include <stdio.h>
#include <stdlib.h>
struct student
{
  char num[10];
  char name[8];
  int score[3];
  float ave;
}st[10],s;

int main()
{
  FILE * fp;
  int i,j,t,n;
  printf("\nNO.:");
  scanf("%s",s.num);
  printf("Name:");
  scanf("%s",s.name);
  printf("Score1,score2,score3:");
  scanf("%d,%d,%d",&s.score[0],&s.score[1],&s.score[2]);
  s.ave=(s.score[0]+s.score[1]+s.score[2])/3.0;
  //从文件读数据
  if((fp=fopen("stu_sort","r"))==NULL)
```

```
    {
        printf("Can not open file.");
            exit(0);
    }
    printf("Original data:");
    for(i=0;fread(&st[i],sizeof(struct student),1,fp)!=0;i++)
    {
        printf("\n%8s%8s",st[i].num,st[i].name);
        for(j=0;j<3;j++)
            printf("%8d",st[i].score[j]);
        printf("%10.2f",st[i].ave);
    }
    fclose(fp);
    //向文件写数据
    n=i;
    for(t=0;st[t].ave>s.ave && t<n;t++);
        printf("\nNow:\n");
    if((fp=fopen("stu_sort","w"))==NULL)
    {
        printf("Can not open file.");
        exit(0);
    }
    for(i=0;i<t;i++)
    {
        fwrite(&st[i],sizeof(struct student),1,fp);
        printf("\n %8s%8s",st[i].num,st[i].name);
        for(j=0;j<3;j++)
            printf("%8d",st[i].score[j]);
        printf("%10.2f",st[i].ave);
    }
    fwrite(&s,sizeof(struct student),1,fp);
    printf("\n%  9s%8s%8d%8d%8d%10.2f",s.num,s.name,s.score[0], s.score[1],
        s.score[2],s.ave);
    for(i=t;i<n;i++)
    {
        fwrite(&st[i],sizeof(struct student),1,fp);
        printf("\n %8s%8s",st[i].num,st[i].name);
        for(j=0;j<3;j++)
            printf("%8d",st[i].score[j]);
        printf("%10.2f",st[i].ave);
    }
    printf("\n");
    fclose(fp);
    return 0;
}
```

133

运行结果：

NO.: <u>160</u>↙

Name: <u>Hua</u>↙

Score1,score2,score3: <u>78,89,91</u>↙

Original data:

140	Ma	100	99	98	99.00
110	Li	90	89	88	89.00
120	Wang	80	79	78	79.00
130	Chen	70	69	68	69.00
150	Wei	60	59	58	59.00

Now:

140	Ma	100	99	98	99.00
110	Li	90	89	88	89.00
160	Hua	78	89	91	86.00
120	Wang	80	79	78	79.00
130	Chen	70	69	68	69.00
150	Wei	60	59	58	59.00

9.7 一个磁盘文件 employee 中存放着职工的数据，每个职工的数据包括职工姓名、职工号、性别、年龄、住址、工资、健康状况、文化程度。要求将职工姓名和工资的信息单独抽出来，另建一个简明的职工工资文件。

解：N-S 流程图如图 9.5 所示。

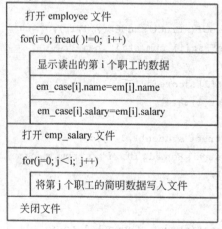

图 9.5

程序如下：

```
#include <stdio.h>
#include <stdlib.h>
#include <string.h>
struct emploee
{
    char num[6];
```

```
    char name[10];
    char sex[2];
    int age;
    char addr[20];
    int salary;
    char health[8];
    char class[10];
} em[10];

struct emp
{
    char name[10];
    int salary;
}em_case[10];

int main()
{
    FILE * fp1, * fp2;
    int i, j;
    if((fp1=fopen("emploee","r"))==NULL)
    {
        printf("Can not open file.\n");
        exit(0);
    }
    printf("\n NO. name sex age   addr salary health class\n");
    for(i=0;fread(&em[i],sizeof(struct emploee),1,fp1)!=0;i++)
    {
        printf("\n%4s%8s%4s%6d%10s%6d%10s%8s",em[i].num,em[i].name,em[i].sex,
            em[i].age,em[i].addr,em[i].salary,em[i].health,em[i].class);
        strcpy(em_case[i].name,em[i].name);
        em_case[i].salary=em[i].salary;
    }
    printf("\n\n  ************************************** ");
    if((fp2=fopen("emp_salary","wb"))==NULL)
    {
        printf("Can not open file.\n");
        exit(0);
    }
    for(j=0;j<i;j++)
    {
        if(fwrite(&em_case[j],sizeof(struct emp),1,fp2)!=1)
            printf("error!");
        printf("\n  %12s%10d",em_case[j].name,em_case[j].salary);
    }
    printf("\n  ************************************** ");
    fclose(fp1);
    fclose(fp2);
```

```
   return 0;
}
```

运行结果：

```
NO.    name    sex    age      addr     salary    health    class
101    Li      m      23       Beijing  670       good      P.H.D.
102    Wang    f      45       Shanghai 780       bad       master
103    Ma      m      32       Tianjin  650       good      univ.
104    Liu     f      56       Xian     540       pass      college


          **************************************
                    Li      670
                  Wang      780
                    Ma      650
                   Liu      540
          **************************************
```

说明：数据文件 emploec 是事先建立的，其中已有职工数据，而 emp_salary 文件则是由程序建立的。

建立 emploee 文件的程序如下：

```c
#include <stdio.h>
#include <stdlib.h>
struct emploee
{
  char num[6];
  char name[10];
  char sex[2];
  int age;
  char addr[20];
  int salary;
  char health[8];
  char class[10];
}em[10];

int main()
{
  FILE * fp;
  int i;
  printf("Input NO., name, sex, age, addr,salary,health,class\n");
  for(i=0;i<4;i++)
    scanf(" %s %s %s %d %s %d %s %s",em[i].num,em[i].name,em[i].sex,&em[i].age,
          em[i].addr,&em[i].salary,em[i].health,em[i].class);
  //将数据写入文件
  if((fp=fopen("emploee","w"))==NULL)
```

```
{
    printf("Can not open file.");
    exit(0);
}
for(i=0;i<4;i++)
    if(fwrite(&em[i],sizeof(struct emploee),1,fp)!=1)
        printf("error\n");
fclose(fp);
return 0;
}
```

在运行此程序时从键盘输入4个职工的数据,程序将它们写入 emploee 文件。在运行前面一个程序时,从 emploee 文件中读出数据并输出到屏幕,然后建立一个简明文件,同时在屏幕上输出。

9.8 从习题9.7的"职工工资文件"中删去一个职工的数据,再存回原文件。

解:N-S 流程图如图9.6所示。

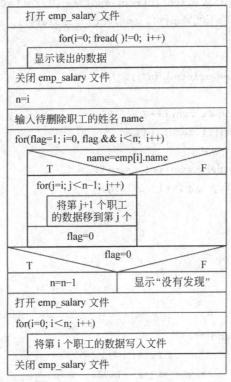

图 9.6

程序如下:

```
#include <stdio.h>
#include <stdlib.h>
#include <string.h>
struct emploee
```

137

```
{
  char name[10];
  int salary;
}emp[20];

int main()
{
  FILE * fp;
  int i,j,n,flag;
  char name[10];
  if((fp=fopen("emp_salary","rb"))==NULL)
  {
    printf("Can not open file.\n");
    exit(0);
  }
  printf("\nOriginal data:\n");
  for(i=0;fread(&emp[i],sizeof(struct emploee),1,fp)!=0;i++)
    printf("\n  %8s  %7d",emp[i].name,emp[i].salary);
  fclose(fp);
  n=i;
  printf("\nInput name deleted:\n");
  scanf("%s",name);
  for(flag=1,i=0;flag && i<n;i++)
  {if(strcmp(name,emp[i].name)==0)
    {for(j=i;j<n-1;j++)
      {strcpy(emp[j].name,emp[j+1].name);
        emp[j].salary=emp[j+1].salary;
      }
      flag=0;
    }
  }
  if(!flag)
    n=n-1;
  else
    printf("\nNot found!");
  printf("\nNow,the content of file:\n");
  if((fp=fopen("emp_salary","wb"))==NULL)
    {printf("Can not open file.\n");
      exit(0);
    }
  for(i=0;i<n;i++)
    fwrite(&emp[i],sizeof(struct emploee),1,fp);
  fclose(fp);
  fp=fopen("emp_salary","r");
```

```
    for(i=0;fread(&emp[i],sizeof(struct emploee),1,fp)!=0;i++)
        printf("\n%8s  %7d",emp[i].name,emp[i].salary);
    printf("\n");
    fclose(fp);
    return 0;
}
```

运行结果：

```
Original data:
      Li      670
    Wang      780
      Ma      650
     Liu      540
Input name deleted: Ma↙
Now,the content of file:
      Li      670
    Wang      780
     Liu      540
```

9.9　从键盘输入若干行字符（每行长度不等），然后把它们存储到一个磁盘文件中。再从该文件中读入这些数据，将其中小写字母转换成大写字母后在显示屏上输出。

解：N-S 流程图如图 9.7 所示。

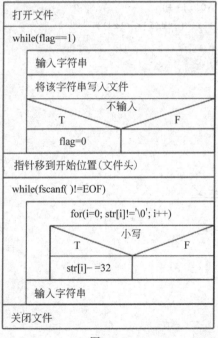

图　9.7

程序如下：

```
#include <stdio.h>
```

139

```c
int main()
{
  int i,flag;
  char str[80],c;
  FILE * fp;
  fp=fopen("text","w");
  flag=1;
  while(flag==1)
  {
    printf("Input string:\n");
    gets(str);
    fprintf(fp,"%s ",str);
    printf("Continue? ");
    c=getchar();
    if((c=='N')||(c=='n'))
      flag=0;
    getchar();
  }
  fclose(fp);
  fp=fopen("text","r");
  while(fscanf(fp,"%s",str)!=EOF)
  {
    for(i=0;str[i]!='\0';i++)
      if((str[i]>='a') && (str[i]<='z'))
        str[i]-=32;
    printf("%s\n",str);
  }
  fclose(fp);
  return 0;
}
```

运行结果：

```
Input string: computer.↙
Continue? y↙
Input string: student.↙
Continue? y↙
Input string:word.↙
Continue? n↙

COMPUTER.
STUDENT.
WORD.
```

此程序运行结果是正确的。但是如果输入的字符串中包含了空格，就会发生一些问题，例如输入：

```
Input string:i am a student.↙
```

得到的结果是

```
I
AM
A
STUDENT.
```

即把一行分成几行输出。这是因为用 fscanf 函数从文件读入字符串时,会把空格作为一个字符串的结束标志,因此把该行作为 4 个字符串分别输出在 4 行上。请读者考虑应怎样解决这个问题。

第 二 部分

对《C语言程序设计教程》
各章的补充与提高

C 语言程序设计包含的内容非常多,规则较复杂,算法牵涉的方面很广,程序设计的技巧很灵活,在一本篇幅有限的教材中难以对各方面都深入展开。教材内容的选择往往是在十分丰富的内容和有限的学时与教学要求之间找到一个平衡点。对于不同的对象,要精心选择与之要求相适应的内容。《C 语言程序设计教程》是作者针对高职高专学生学习 C 语言程序设计而编写的教材,该书比一般的高职高专教材包含的内容更多一些、更深入一些,希望帮助学生在有限的学时内学到更多的内容。

不同的学校、不同的学生往往有不同的学习要求,有的教师希望在教材的基础上给学生多介绍些有用的知识;有的学生对课程感兴趣,希望进一步扩展自己的知识和能力。因此,作者根据长期的教学经验,在教材的基础上提供了扩展和提高的内容,供需要者选学选用,也可作为以后在实践中遇到问题时的参考资料。

这一部分包括以下几方面的内容。

(1) 对 C 语言的使用方法的补充和详细介绍。在主教材中介绍了最基本的内容,但在进一步使用时往往需要了解和用到更多的知识,如输入/输出的格式、补码的知识、选择结构的条件表达式等。

(2) 介绍了一些较深入的算法和编程技巧,如递归算法的汉诺塔问题、链表的初步知识等。

(3) 使用 C 语言编程时需要用到的更深入的知识,如变量的生存期、随机文件的存取、指向指针的指针等。

第 10 章 对主教材第 1 章的
补充与提高

1. 在学习程序设计过程中,要注意培养包括计算思维在内的科学思维

C 语言程序设计课程是一门面向应用的课程,高职学生学习 C 语言程序设计可以掌握一种计算机应用技术,同时学习程序设计的一个重要作用是可以有效地培养学生的科学思维能力。

人们在学习和应用计算机的过程中已经认识到:计算机不但是工具,而且可以培养人们思考问题的科学方法。1972 年,图灵奖获得者 Edsger Dijkstra 说:"我们所使用的工具影响着我们的思维方式和思维习惯,从而也将深刻地影响着我们的思维能力。"这就是著名的"工具影响思维"的论点。劳动工具在从猿到人的过程中起了关键作用,人类在原始的劳动过程中开始学会思维。之后,冶炼技术的出现、纸张和印刷技术的发明、现代交通工具和航天技术的发展,无一不对人类的工作方式和思维方式产生深刻的影响。电动机的出现引发了自动化的思维,计算机的出现催生并将进一步发展智能化的思维。

我们不仅要注重研究和运用工具,还要注重研究工具对思维的影响,自觉运用日益丰富的科学思维,推动科学技术的发展和社会的进步。对现代人来说,计算机不仅仅起着工具的作用,还能培养现代科学素质。通过学习和应用计算机,人们改变了旧的思维方式和工作方式,逐步培养了现代的科学思维方式和工作方式,掌握了现代社会处理问题的科学方法。对学习计算机的人来说,这个意义是极为深远的。

近年来,国内外有些专家提出要重视和研究计算思维,认为计算思维是运用计算机科学的基础概念进行问题求解、系统设计和理解人类行为的思维活动。计算思维是信息时代中的每个人都应当具备的一种思维方式,要让思维具有计算的特征。

有专家提出,人类认知世界和改造世界有 3 种思维:逻辑思维(以数学学科为代表)、实证思维(以物理学科为代表)和计算思维(以计算机学科为代表)。美国总统信息技术咨询委员会(PITAC)编写的《计算科学:确保美国竞争力》中认为:"虽然计算本身也是一门学科,但是其具有促进其他学科发展的作用。21 世纪科学上最重要、经济上最有前途的研究前沿都有可能通过熟练掌握先进的计算技术和运用计算科技而得到解决。"

计算思维不是凭空的抽象概念,是体现在各个环节中的。程序设计中学习的算法思维就是典型的计算思维,程序设计的各个环节都体现了计算思维。学习程序设计是培养计算思维的有效途径,应当有意识地在教学中培养计算思维。

通过程序设计课程的学习和讨论,对我们有以下启示:进一步认识到计算机不但是工具,而且可以培养人们思考问题的科学方法;把计算机处理问题的思维方式用于其他领域,有助于提升各个领域的科学水平,开辟新局面;积极在计算机的教学中引入跨学科元素,启迪跨学科计算思维(如用网络的思路分析社会科学中的社会关系);使学生认识到要站在计算思维的高度观察和处理问题,有意识地培养计算思维;要提升课程的广度与深度。

计算思维的培养不是孤立进行的,不需要另外开设专门的课程,而是在学习和应用计算机的过程中培养的。多年来,人们在学习和应用计算机的过程中不断学习与培养了计算思维,正如学习数学培养了逻辑思维,学习物理培养了实证思维一样。对计算机的学习和应用越深入,对计算思维的认知也就越深刻。

培养计算思维不是目的,正如学习哲学不是目的一样。学哲学的目的是认知世界、改造世界。培养计算思维的目的是更好地应用计算技术,推动社会各领域的发展与提高,要正确处理好培养计算思维与计算机应用的关系。

除了计算思维以外,还应当重视其他方面的科学思维(如逻辑思维、实证思维)的培养。没有必要钻牛角尖式地争论这个问题属于什么思维,那个问题属于什么思维,以为凡属于计算思维的就重视,否则就可忽略,这是十足书生气的做法。只要是科学思维,都应当大力提倡,大学生需要培养多种思维的能力。

本书注重在教学过程中努力帮助并引导学生培养包括计算思维在内的科学思维。在介绍每一个问题时,都采取以下步骤:提出问题→解题思路→编写程序→运行结果→程序分析→有关说明。"解题思路"包括分析问题、介绍算法、建立数学模型。读者首先应把注意力集中在处理问题的思路和方法上,而不是放在语法细节上。在确定算法之后,再使用C语言编写程序就顺理成章了;在"程序分析"中,进一步分析程序的思路及其实现方法。这样,思路清晰,逻辑性强,有利于形成科学的思维方法。希望读者不仅要注重学习知识,更要注重学习方法,掌握规律,举一反三。

2. 程序设计的任务

如果只是编写和运行一个很简单的程序,主教材第1章介绍的步骤就够了。但是实际上遇到的问题要复杂得多,程序设计要考虑和处理的问题也复杂得多。

程序设计是指从确定任务到得到结果、写出文档的全过程。对于有一定规模的应用程序,从确定问题到最后完成任务,一般要经历以下几个阶段。

(1) 问题分析。对于任务要进行认真的分析,研究所给定的条件,分析最后应达到的目标,找出解决问题的规律,选择解题的方法。在这个过程中可以忽略一些次要的因素,使问题抽象化。例如,用数学式子表示问题的内在特性,这就是建立模型。

(2) 设计算法和数据结构。要设计出解题的方法和具体步骤。例如,求解一个方程式,就要选择用什么方法求解,并且把求解的每一个步骤清晰无误地写出来。一般用伪代码或流程图来表示解题的步骤。此外,要决定所用到的数据的类型和属性。

(3) 编写程序。根据得到的算法,用一种高级语言编写出源程序。

(4) 对源程序进行编辑、编译和连接,得到可执行程序。

(5) 运行程序,分析结果。运行可执行程序,得到运行结果。能得到运行结果并不意味着程序正确,要对结果进行分析,看它是否合理。例如,把"b=a;"错写为"a=b;",程序不存在语法错误,能通过编译,但运行结果显然与预期不符,需要对程序进行调试。

(6) 调试和测试程序。调试(debug)的含义是发现和排除程序中的故障。bug的原意是"虫子",调试就是发现和抓出程序中隐藏的"虫子"。经过反复调试,会发现和排除一些故障,得到正确的结果。

但是工作不应该到此结束。不能只看到某一次结果是正确的,就认为程序没有问题。例如,求 c＝b/a,当 a＝4、b＝2 时,求出 c 的值为 0.5,是正确的;但是当 a＝0、b＝2 时,就无法求出 c 的值。说明程序对某些数据能得到正确结果,对另外一些数据却得不到正确结果,程序存在漏洞,因此,还要对程序进行测试(test)。所谓测试,就是要设计出多组测试数据,检查程序对不同数据的运行情况,从中尽量发现程序中存在的漏洞,并修改程序,使之能适用各种情况。作为商品的程序,是必须经过严格的测试。

(7) 编写程序文档。应用程序是提供给别人使用的,如同正式的产品应当提供产品说明书一样,正式提供给用户使用的程序,必须同时向用户提供程序说明书(也称为用户文档)。内容应包括程序名称、程序功能、运行环境、程序的装入和启动、需要输入的数据,以及使用注意事项等。

程序文档是软件的一个重要组成部分,软件是计算机程序和程序文档的总称。现在的商品软件光盘中既包括程序,也包括程序使用说明,有的则在软件中以 help 或 readme 形式提供。

第 11 章 对主教材第 2 章的补充与提高

1. 求补码的方法

在计算机中存储整数(不论是正数还是负数),都是按补码形式存放到存储单元的。对于正数来说,补码就是该数的原码(该数的二进制形式);负数的补码不是它的原码。求一个负数的补码的方法如下。

(1) 取该数(不考虑数的符号)的二进制形式即是原码。例如,有一个负数−1,不考虑符号就是 1,它的二进制形式是 00000001,这就是−1 的原码。

(2) 对该原码逐位"取反"(逐位把 0 变为 1,把 1 变为 0),得到其反码。00000001 的反码是 11111110(为简单起见,以一个字节表示):

1	1	1	1	1	1	1	0

(3) 将得到的反码加 1,11111110 加 1 就是 11111111,这就是−1 的补码。

如果用户输入−1,则−1 在计算机中的存储形式是其补码:

1	1	1	1	1	1	1	1

求−10 补码的步骤如下。

(1) −10 的原码是 00001010。

0	0	0	0	1	0	1	0

(2) 其反码是 11110101。

1	1	1	1	0	1	0	1

(3) 再加 1,得到补码 11110110。

1	1	1	1	0	1	1	0

可以看到负数的补码形式的最高位都是 1,从第 1 位就可以判断该数的正负。

读者在开始时可能对补码比较陌生,没有关系,有一些初步的概念就可以了,以后用到时再进一步掌握。

2. 整型常量的表示形式

在 C 语言中,整数常数可用以下 3 种形式表示。

(1) 十进制整数。如 123、−456、4 都是最常用的形式。

(2) 八进制整数。八进制整数的特点是逢 8 进 1。在程序中只要以 o 开头的常量都被认作八进制数。如 o123 表示八进制数 123，即 $(123)_8$，其值为 $1\times8^2+2\times8^1+3\times8^0$，等于十进制数 83。$-$o11 表示八进制数$-$11，即十进制数$-$9。

（3）十六进制整数。十六进制整数的特点是逢 16 进 1。在十六进制数中可以用 0～15 这 16 个数表示，但只用一个字符代表其中一个数，C 语言规定用字母 a、b、c、d、e、f 分别代替 10、11、12、13、14、15。在程序中只要以 ox 开头的数都认为是十六进制数。如 ox123，代表十六进制数 123，即 $(123)_{16}=1\times16^2+2\times16^1+3\times16^0=256+32+3=291$。ox2a 代表十六进制数 $2\times16^1+10\times16^0=32+10=42$。$-$ox12 等于十六进制数$-$18。

以上 3 种表示形式都是合法、有效的。以下 3 条赋值语句是等效的(设 a 已定义为整型变量)。

```
a=83;                         //十进制数
a=o123;                       //八进制数
a=ox53;                       //十六进制数
```

对初学者来说，最常用的是 10 进制数。但对 8 进制数和 16 进制数也要有所了解，便于阅读别人编写的程序。

3. 整型变量的类型

主教材中已经说明了整型变量可以有 int、long int、short int 3 种类型。C 语言标准没有具体规定以上各类数据所占内存的字节数，只要求 long 型数据长度不短于 int 型，short 型不长于 int 型，具体如何实现，由各计算机系统自行决定。通常的做法是：把 long 型定义为 32 位，把 short 型定义为 16 位；而 int 型可以是 16 位，也可以是 32 位。

VC++ 给 short 型数据分配了 2 个字节，16 位；int 型和 long 型数据都是 4 个字节，32 位。以 32 位存放一个整数，范围可达正负 21 亿，一般情况下已经够用了。C99 还增加了 long long 类型（双长整型），一般分配 8 个字节，64 位，但在一般程序中用得不多，读者知道就可以了。

在定义整型变量时，可以加上修饰符 unsigned，表示指定为"无符号数"。如果加修饰符 signed，则表示指定的是"有符号数"。如果既不指定为 signed，也不指定为 unsigned，则隐含为"有符号数"（signed）。实际上，signed 可以省略不写。如：

```
有符号基本整型                unsigned int
无符号基本整型                unsigned int
有符号短整型                  [signed] short [int]
无符号短整型                  unsigned short [int]
有符号长整型                  [signed] long  [int]
无符号长整型                  unsigned long  [int]
```

提示：上面的方括号表示其中的内容是可选的，既可以有，也可以没有，效果相同。

表 11.1 列出了 VC++ 为整数类型分配的字节数和其数值范围。

如果不知道所用的 C 语言编译系统对变量分配的空间，可以用 C 语言提供的 sizeof 运算符查询，如：

```
printf("%d,%d,%d\n",sizeof(int), sizeof(short), sizeof(long));
```

可以查出基本整型、短整型和长整型数据的字节数。

表 11.1

类　　型	字节数	取　值　范　围
int(基本整型)	2	$-32\ 768 \sim 32\ 767$,即$-2^{15} \sim (2^{15}-1)$
	4	$-2\ 147\ 483\ 648 \sim 2\ 147\ 483\ 647$,即$-2^{31} \sim (2^{31}-1)$
unsigned int(无符号基本整型)	2	$0 \sim 65\ 535$,即$0 \sim (2^{16}-1)$
	4	$0 \sim 4\ 294\ 967\ 295$,即$0 \sim (2^{32}-1)$
short(短整型)	2	$32\ 768 \sim 32\ 767$,即$-2^{15} \sim (2^{15}-1)$
unsigned short(无符号短整型)	2	$0 \sim 65\ 535$,即$0 \sim (2^{16}-1)$
long(长整型)	4	$-2\ 147\ 483\ 648 \sim 2\ 147\ 483\ 647$,即$-2^{31} \sim (2^{31}-1)$
unsigned long(无符号长整型)	4	$0 \sim 4\ 294\ 967\ 295$,即$0 \sim (2^{32}-1)$
long long(双长整型)	8	$-9\ 223\ 372\ 036\ 854\ 775\ 808 \sim 9\ 223\ 372\ 036\ 854\ 775\ 807$ 即$-2^{63} \sim (2^{63}-1)$
unsigned long long(无符号双长整型)	8	$0 \sim 18\ 446\ 744\ 073\ 709\ 551\ 615$,即$0 \sim (2^{64}-1)$

4. 整型常量的类型

在了解整型变量的类型后,再讨论整型常量的类型。从前面的介绍已知,整型变量可以是 int、short int、long int、unsigned int、unsigned short、unsigned long 等类型,那么常量是否也有这些类型? 还有人认为常量就是常数,怎么会有类型呢? 其实在计算机语言中,常量是有类型的,这也是计算机的特点。因为数据要存储,不同类型的数据所分配的字节和存储方式是不同的。既然整型变量有类型,那么整型常量也应该有类型,才能在赋值时相匹配。从整型常量的字面上就可以决定它的类型。如果 short 型数据在内存中占 2 个字节,int 型和 long int 型变量占 4 字节,可按以下规则处理。

(1) 如果整型常量的值在$-32\ 768 \sim 32\ 767$范围内,则认为它是 short 型,分配 2 个字节。它可以赋值给 short 型、int 型和 long int 型变量。

(2) 如果其值在$-2\ 147\ 483\ 648 \sim 2\ 147\ 483\ 647$范围内,则认为它是整型,分配 4 个字节。可以将它赋值给一个 int 型或 long int 型变量。

(3) 在一个整型常量后面加一个字母 l 或 L,则认为是 long int 型常量,如 123l、432L、0L等,这往往用于函数调用中。如果函数的形参为 long int 型,则要求实参也为 long int 型。

(4) 一个整型常量后面加一个字母 u 或 U,认为是 unsigned int 型,如 12345u 在内存中按 unsigned int 型规定的方式存放(存储单元中最高位不作为符号位,而用来存储数据)。

5. 整型数据的溢出

如果系统给一个短整型变量分配 2 个字节,则变量的最大允许值为 32 767。如果再加 1,会出现什么情况呢? 示例程序如下。

```
#include <stdio.h>
int main()
{
    short int a,b;
```

```
a=32767;
b=a+1;
printf("a=%d,a+1=%d\n",a,b);
return 0;
}
```

运行结果：

```
a=32767,a+1=-32768
```

有些初学者对此现象感到难以理解。

从图 11.1 可以看到，变量 a 最左面的一位为 0，后 15 位全为 1。加 1 后变成第 1 位为 1，后面 15 位全为 0。而它是 -32 768 的补码形式，所以输出变量 b 的值为 -32 768。请注意：一个 2 个字节的短整型变量只能容纳 -32 768~32 767 范围内的数，无法表示大于 32 767 或小于 -32 768 的数。遇到此种情况就会发生"溢出"。就好像汽车里程表一样，达到最大值以后，又从最小值(0)开始计数。所以，32 767 加 1 得不到 32 768，而是得到 -32 768。运行时对此情况并不报错，但结果却和程序编写者的原意不同，因此需要程序员的细心和经验来保证结果的正确。如果将变量 b 改成 int 型或 long 型，就可得到预期结果 32 768。

图　11.1

提示： 用计算机实现计算和数学上的纯理论计算是不同的，在学习和使用计算机时应当知道计算的过程，由此可能出现什么问题，这点是在学习 C 语言时必须强调的。

6. 实型数据的舍入误差

将一个双精度数赋给一个单精度变量，会出现舍入误差。

```
#include <stdio.h>
int main()
{
  float a;                    //定义变量 a 为单精度变量
  a = 3.141592612;            //3.141 592 612 是双精度常量
  printf("a=%f\n",a);
  return 0;
}
```

运行结果：

```
3.141593
```

可以看到，输出的值与给定的值之间有一些误差。原因是把双精度数 3.141 592 612 赋值给单精度变量 a，单精度变量 a 只能保证 6~7 位数字的精度，所以忽略了后面几位数字，只输出了 7 位数字。

要解决这个问题，可以把变量 a 定义为双精度实型类型：

```
double a;
```

7. 转义字符

在主教材第 2 章 2.6 节介绍了字符常量,实际上除了能直接表示和在屏幕上显示的字符外,还有一些字符是用来作为输出信息时的控制符号(如换行、退格等)。例如,已经在程序中多次看到过的'\n'就代表"换行":

```
printf("%d\n",a);
```

其中的'\n'就是一个控制字符,这种字符称为"转义字符",意思是将反斜杠"\"后面的字符转换成另外的意义,即'\n'中的 n 不代表字母 n,而作为"换行"符。

在编译程序时,如果遇到字符'\',就表示与其后的 n 一起作为一个特殊字符处理,通知编译系统插入一个换行。

转义字符'\n'也是字符常量,可以赋给一个字符变量。如:

```
c='\n';
```

如果有

```
printf("%c",c);                          //假设变量 c 已被赋值 '\n'
```

其结果不是在屏幕上显示一个字符 n,而是执行一次换行操作。

除了'\n'之外,还有以下一些转义字符。

- \t 使下一个输出的数据跳到下一个输出区(一行中一个输出区占 7 列)。
- \b 退格。将当前的输出位置退回前一列处,即消除前一个已输出的字符。
- \r 回车。将当前的输出位置返回在本行开头。
- \f 换页。将当前的输出位置移到下页的开头。
- \0 代表 ASCII 码为 0 的控制字符,即"空操作"字符。常用于字符串中,作为字符串的结束标志。
- \\ 代表一个反斜杠字符"\"。
- \' 代表一个单撇号字符。
- \" 代表一个双撇号字符。
- \ddd 1~3 位八进制数所代表的字符。
- \xhh 1~2 位十六进制数所代表的字符。

如'\101'代表 ASCII 码为八进制数 101 的字符,八进制数 101 相当于十进制数 65,从主教材附录 A 中可查出 ASCII 码为 65 的字符是大写字符'A',因此'\101'和'A'等价。又如,'\12','\'12 是指八进制数的 12(即十进制数 10),'\12'代表 ASCII 码为 10 的字符,从主教材附录 A 中可查出它代表换行符。因此,'\12'和'\n'等价。同理,'\x41'代表大写字符'A'。

注意:如果以单个字符形式出现,应该用单撇号把\n 括起来(即'\n')。如果出现在一个以双撇号括起来的字符串中,则'\n'的单撇号是不需要的。不要写成

```
printf("%c%c%c%c%c'\n'",a,b,c,d,e);
```

这和一般的字符(如'a')在字符串中不需要加单撇号的道理是一样的。

另外,转义字符必须以反斜杠"\"作为开头的标志,而且在其后只能有一个字符(或代表

字符的八进制或十六进制数代码）。如'\nn'是不合法的，不能代表二次换行。

8. printf 函数所用的格式字符

在用 printf 函数进行输出时用到的格式字符如表 11.2 所示。

表　11.2

格式字符	说　　明
d,i	以带符号的十进制形式输出整数（正数不输出符号）
o	以八进制无符号形式输出整数（不输出前导符 0）
x,X	以十六进制无符号形式输出整数（不输出前导符 0x）。x 表示输出十六进制数的 a～f 时以小写形式输出。X 表示以大写形式输出
u	以无符号十进制形式输出整数
c	以字符形式输出，只输出一个字符
s	输出字符串
f	以小数形式输出单、双精度数，隐含输出 6 位小数
e,E	以指数形式输出实数，用 e 时指数以"e"表示（如 1.2e＋02），用 E 时指数以"E"表示（如 1.2E＋02）
g,G	选用%f 或%e 格式中输出宽度较短的一种格式，不输出无意义的 0。用 G 时，若以指数形式输出，则指数以大写表示

在格式声明中，在%和上述格式字符间可以插入表 11.3 中列出的几种附加符号（又称修饰符）。

表　11.3

字　　符	说　　明
l（小写字母）	用于长整型整数，可加在格式符 d、o、x、u 前
m（代表一个正整数）	数据最小宽度
n（代表一个正整数）	对实数，表示输出 n 位小数；对字符串，表示截取的字符个数
－	输出的数字或字符在域内靠左

9. scanf 函数所用的格式字符

在用 scanf 函数进行输入时用到的格式字符如表 11.4 和表 11.5 所示。

表　11.4

格式字符	说　　明
d,i	用来输入有符号的十进制整数
u	用来输入无符号的十进制整数
o	用来输入无符号的八进制整数
x,X	用来输入无符号的十六进制整数（大小写作用相同）
c	用来输入单个字符

格式字符	说　　明
s	用来输入字符串,将字符串送到一个字符串数组中。在输入时以非空白字符开始。以第一个空白字符结束。字符串以串结束标志'\0'作为最后一个字符
g	用来输入实数,可以以小数形式或指数形式输入
e,E,g,G	与 f 作用相同,e 与 f、g 可以互相替换(大小写的作用相同)

表　11.5

字　符	说　　明
l(小写字母)	用于输入长整型数据(可用%ld、%lo、%lx、%lu)以及 double 型数据(可用%lf 或%le)
h	用于输入短整型数据(可用%hd、%ho、%hx)
域宽	指定输入数据所占宽度(列数),域宽应为正整数
*	表示本输入项在读入后不赋给相应的变量

表 11.4 和表 11.5 是为了备查,初学时不常用到,会用比较简单的形式输入数据即可。

10. 运算符的优先级与结合方向

C 语言规定了运算符的优先级和结合方向。在表达式求值时,先按运算符的优先级高低次序执行,例如,先乘除后加减。如表达式 $a-b*c$ 中,b 的左侧为减号,右侧为乘号,而乘号优先于减号,因此,相当于 $a-(b*c)$。

如果在一个运算对象两侧的运算符的优先级相同,如 $a-b+c$,则按规定的结合方向处理。C 语言还规定了各种运算符的结合方向(结合性)。众所周知,算术运算符的结合方向为"自左至右",即先左后右,因此 b 先与减号结合,执行 $a-b$ 的运算,再执行加 c 的运算。自左至右的结合方向又称为"左结合性",即运算对象先与左侧的运算符结合。在 C 语言中有些运算符的结合方向是"自右至左",即"右结合性"。如赋值语句

a=b=c=d;

其执行顺序是自右至左的,先把 d 的值赋给 c,再把 c 的值赋给 b,最后把 b 的值赋给 a。假如 d 的值是 3,则最后 a、b、c、d 的值都是 3,显然这是右结合性。例如,变量 c 的两侧都有赋值运算符,优先级相同,按右结合性,先和右侧的赋值运算符结合,执行 c=d 的操作,其余类推。

++和--运算符的结合方向也是"自右至左"。如有 $a=-i++$,变量 i 两侧的运算符-和++的优先级相同,那么,i 应该先和左侧的负号结合(即 $(-i)++$),还是和右侧的++结合(即 $-(i++)$)呢? 按右结合性,应该是后者。为了避免混淆,可加"不必要"的括号,即 $-(i++)$。初学时只需知道有此问题即可,以后随着学习的深入,自然会掌握。

主教材附录 C 中列出了所有运算符以及它们的优先级和结合方向。"结合性"的概念是 C 语言的特点,也是难点之一。

第12章 对主教材第3章的
补充与提高

1. if 语句的嵌套的深入探讨

在主教材第3章已说明：在 if 语句中又包含一个或多个 if 语句时，称为 if 语句的嵌套。通过主教材例 3.3 已经说明了怎样使用 if 的嵌套，在这里继续进行深入分析。

if 嵌套的一般形式如下：

```
if()
  if()语句 1
  else 语句 2      ⎤内嵌 if
else
    if()语句 3
    else 语句 4     ⎤内嵌 if
```

应当注意 if 与 else 的配对关系。else 总是与它上面最近的未配对的 if 配对。例如

```
if()
  if()语句 1
else
  if()语句 2
  else 语句 3       ⎤内嵌 if
```

程序设计者把第 1 个 else 写在与第 1 个 if(外层 if)同一列上，希望第 1 个 else 与第 1 个 if 对应，这是错误的，因为实际上第 1 个 else 是与第 2 个 if 配对的，因为它们相距最近。当然，即使写成这样的锯齿形式，也不能改变 if 语句的执行规则。以上这个 if 语句实际的配对关系表示如下：

```
if()
  if()语句 1
  else
    if()语句 2
    else 语句 3      ⎤内嵌 if
```

因此最好使外层 if 和内嵌 if 都包含 else 部分(如主教材 3.4.2 小节最早列出的形式)，即：

```
if()
  if()
    语句 1
```

```
else
    if() 语句 2
    else 语句 3
else 语句 4
```

这样 if 的数目和 else 的数目相同,从内层到外层一一对应,不致出错。

如果 if 的数目与 else 的数目不一样,为实现程序设计者的意图,可以加花括号来确定配对关系。例如:

```
if()
    {if() 语句 1}                //内嵌 if
else 语句 2
```

这时⟨ ⟩限定了内嵌 if 语句的范围,⟨ ⟩内是一个完整的 if 语句,因此 else 与第 1 个 if 配对。

对于函数:

$$y = \begin{cases} -1 & (x < 0) \\ 0 & (x = 0) \\ 1 & (x > 0) \end{cases}$$

下面分别是 4 个程序,请分析哪个程序可以满足要求。这里涉及怎样正确理解 if 嵌套的匹配问题。

程序 1:(即主教材例 3.3 的程序)

```c
#include <stdio.h>
int main()
{
    int x,y;
    printf("Enter x:");
    scanf("%d",&x);
    if(x<0)
        y=-1;
    else
        if(x==0) y=0;
        else y=1;
    printf("x=%d,y=%d\n",x,y);
    return 0;
}
```

程序 2:将程序 1 的 if 语句(第 7~11 行)改为以下形式。

```c
if(x>=0)
    if(x>0) y=1;
    else y=0;
else y=-1;
```

程序 3：将上述 if 语句改为以下形式。

```
y=-1;
if(x!=0)
  if(x>0) y=1;
  else y=0;
```

程序 4：将上述 if 语句改为以下形式。

```
y=0;
if(x>=0)
  if(x>0) y=1;
  else y=-1;
```

读者可以分别画出程序 1～程序 4 的流程图。图 12.1 是程序 1 的流程图,从流程图判断它是正确的。图 12.2 是程序 2 的流程图,它也能满足题目的要求。

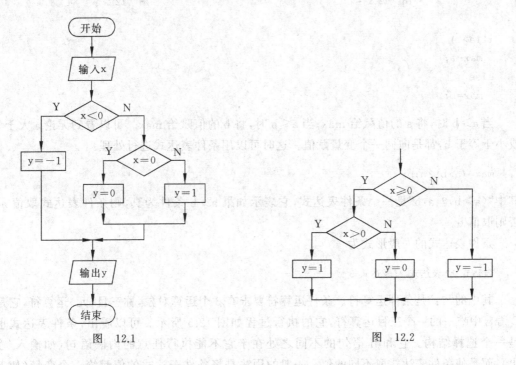

图　12.1　　　　　　　　　　　　图　12.2

程序 3 的流程图如图 12.3 所示,程序 4 的流程图如图 12.4 所示,它们不能满足题目的要求。现在的问题在于如何理解和处理 else 与 if 的配对关系。程序 3 的问题是 else 子句是和它上一行内嵌的 if 语句配对,而不是与第 2 行的 if 语句配对。

为了使逻辑关系清晰,避免出错,一般把内嵌的 if 语句放在外层的 else 子句中(如程序1),这样由于有外层的 else 相隔,内嵌的 else 就不会被误认为是和外层的 if 配对,这样就不会搞混了。

2. 用条件表达式实现简单的选择结构

若在 if 语句中,无论表达式的值为"真"或"假",都是执行一条赋值语句且向同一个变量赋值时,则可以用条件表达式进行处理。例如有以下 if 语句:

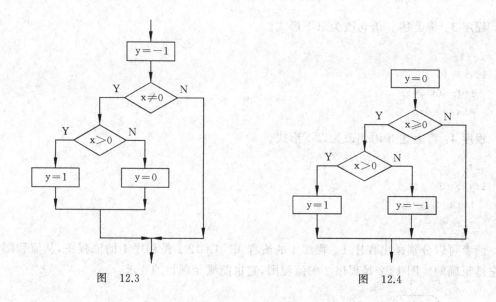

图 12.3 图 12.4

```
if(a>b)
  max=a;
else
  max=b;
```

当 a＞b 时,将 a 的值赋给 max;当 a≤b 时,将 b 的值赋给 max。可以看到无论 a 大于 b 或小于等于 b,都是向同一个变量赋值。这时可以用条件表达式进行处理:

```
max=(a>b)?a:b;
```

其中"(a＞b)？a:b"是一个条件表达式,它表示如果 a＞b 条件为真,则条件表达式取值 a,否则取值 b。

条件表达式的一般形式为

表达式 1? 表达式 2:表达式 3

其中的"?:"是条件运算符。条件运算符要求有 3 个运算对象,称三目(元)运算符,它是 C 语言中唯一的一个三目运算符,它的执行过程如图 12.5 所示。可以看出,条件表达式也是一个选择结构。它和 if 语句的不同之处在于它不能执行任意的内嵌语句(如输入/输出),而是使条件表达式取不同的值。一般的用法是将条件表达式的值赋给一个变量(如上面的 max)。

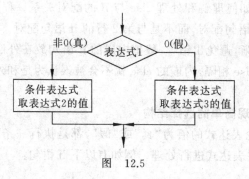

图 12.5

说明：

（1）条件运算符的执行顺序是：先求解表达式 1，若为非 0（真），则求解表达式 2，表达式 2 的值就作为整个条件表达式的值；若表达式 1 的值为 0（假），则求解表达式 3，表达式 3 的值就是整个条件表达式的值。下面的赋值表达式

```
max=(a>b)？a:b
```

执行结果就是将条件表达式的值赋给 max，也就是将 a 和 b 二者中大者赋给 max。

（2）条件运算符优先于赋值运算符，因此上面赋值表达式的求解过程是先求解条件表达式，再将它的值赋给 max。

条件运算符的优先级别比关系运算符和算术运算符低。因此有

```
max=(a>b)？a:b
```

括号可以不要，可写成：

```
max=a>b？a:b
```

如果有

```
a>b？a:b+1
```

相当于 a＞b？ a:(b＋1)，而不是(a＞b？ a：b)＋1。

（3）条件运算符的结合方向为自右至左。如果有以下条件表达式：

```
a>b？a:c>d？c:d
```

相当于

```
a>b？a:(c>d？c:d)
```

如果 a＝1，b＝2，c＝3，d＝4，则条件表达式的值等于 4。

（4）条件表达式还可以写成以下形式：

```
a>b？(a=100):(b=100)
```

或

```
a>b？printf("%d",a):printf ("%d",b)
```

即表达式 2 和表达式 3 不仅可以是数值表达式，还可以是赋值表达式或函数表达式。上面第 2 个条件表达式相当于以下的 if...else 语句：

```
if(a>b)
  printf("%d", a);
else
  printf ("%d",b);
```

（5）条件表达式中，表达式 1 的类型可以与表达式 2 和表达式 3 的类型不同。例如：

```
x？'a':'b'
```

整型变量 x 的值若等于 0，则条件表达式值为'b'。表达式 2 和表达式 3 的类型也可以不

同,此时条件表达式值的类型为二者中较高的类型。例如：

```
x>y?1:1.5
```

如果 x≤y,则条件表达式的值为 1.5;若 x>y,则值应为 1,由于 1.5 是实型,比整型高,因此,将 1 转换成实型值 1.0。

3. 在程序中使用条件表达式

【例 12.1】 输入一个字符,判别它是否为大写字母,如果是,将它转换成小写字母;如果不是,不转换。输出最后得到的字符。

解题思路：关于大小写字母之间的转换方法,在主教材中已做了介绍,因此可直接编写程序。

编写程序如下。

```
#include <stdio.h>
int main()
{
  char ch;
  scanf("%c",&ch);
  ch=(ch>='A'&& ch<='Z')?(ch+32):ch;
  printf("%c\n",ch);
  return 0;
}
```

运行结果：

```
a↙
a
```

说明：条件表达式"ch=(ch>='A'&& ch<='Z')？(ch+32)：ch"的作用是：如果字符变量 ch 的值为大写字母(即位于 A 和 Z 之间),则条件表达式的值为"ch+32",即相应的小写字母,32 是小写字母和大写字母 ASCII 码的差值。如果 ch 的值不是大写字母,则条件表达式的值为 CH,即不进行转换。

初学者往往不习惯使用条件表达式,开始时可跳过不学。用条件表达式能处理的问题,都可以用 if 语句处理。但是,善于利用条件表达式,可以使所写程序更加精练、专业。对此有所了解在看别人的程序时也不致感觉困惑。

4. 关于闰年问题的说明

在主教材第 3 章中列举了计算闰年的例子,有不少读者对闰年规则搞不清楚,总认为能被 4 除尽的年份都是闰年。因此,有必要在此对闰年的规定作一个说明。

地球绕太阳转一周的实际时间为 365 天 5 小时 48 分 46 秒,如果一年只有 365 天,每年就多出 5 个多小时,4 年多出 23 小时 15 分 4 秒,差不多等于一天,于是决定每 4 年增加 1 天。但是,它比一天 24 小时又少了约 45 分钟。如果每 100 年有 25 个闰年,就少了 18 时 43 分 20 秒,也差不多等于一天,显然也不合适。

可以算出：每年多出 5 小时 48 分 46 秒,100 年就多出 581 小时 16 分 40 秒,而 25 个闰年需要 25×24=600(小时)。581 小时 16 分 40 秒只够 24 个闰年(24×24=576(小时)),于是决定每 100 年只安排 24 个闰年(世纪年不作为闰年)。但是这样每 100 年又多出 5 小时 16 分 40 秒(581 小时 16 分 40 秒－576 小时),于是又决定每 400 年增加一个闰年。这样就比较接近实际情况了。

根据以上情况,决定闰年按以下规则计算:闰年应能被 4 整除(如 2004 年是闰年,而 2001 年不是闰年),但不是所有能被 4 整除的年份都是闰年。在能被 100 整除的年份中,只有同时能被 400 整除的年份才是闰年(如 2000 年是闰年),能被 100 整除而不能被 400 整除的年份(如 1800 年、1900 年、2100 年)不是闰年。

这是国际公认的规则,只说"能被 4 整除的年份是闰年"是不准确的。

主教材上介绍的方法和程序是正确的。

第13章 对主教材第4章的补充与提高

1. while 和 do...while 循环的比较

凡是能用 while 循环处理的程序都能用 do...while 循环处理。do...while 循环结构可以转换成 while 循环结构。图 13.1 也可以画成图 13.2 的形式，二者完全等价。图 13.2 中虚线框部分就是一个 while 结构。可见，do...while 结构是由一条语句加一个 while 结构构成的。若图 13.3 中表达式值为真，则图 13.3 也与图 13.1 等价（因为都要先执行一次语句）。

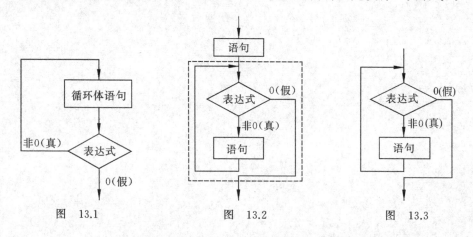

图 13.1　　　　　图 13.2　　　　　图 13.3

一般情况下，用 while 语句和用 do...while 语句处理同一问题时，若二者的循环体部分一样，它们的结果也一样。如主教材第 4 章中例 4.1 和例 4.2 程序中的循环体是相同的，得到的结果也相同。但是如果 while 后面的表达式一开始就为假（0 值）时，两种循环的结果就会不同。

以下两个程序的循环体是相同的，程序 1 用 while 循环，程序 2 用 do...while 循环。运行时，有些情况下结果相同，而另一些情况下结果不同，请仔细分析。

程序 1：编写程序如下。

```
#include <stdio.h>
int main()
{
  int sum=0,i
  scanf("%d",&i);
  while (i<=10)
    {sum=sum+i;i++;}
```

```
    printf("sum=%d\n",sum);
    return 0;
}
```

运行结果：

1↙
sum=55

再运行一次：

11↙
sum=0

程序 2：编写程序如下。

```
#include <stdio.h>
int main()
{
  int sum=0,i;
  scanf("%d",&i);
  do
  {
    sum=sum+i;
    i++;
  }while(i<=10);
  printf("sum=%d\n",sum);
  return 0;
}
```

运行结果：

1↙
sum=55

再运行一次：

11↙
sum=11

可以看到当输入 i 的值小于或等于 10 时，二者得到结果相同；而当 i>10 时，二者结果不同，这是因为此时的 while 循环语句，并不执行循环体（表达式 i<=10 为假），而 do…while 循环语句则要执行一次循环体。可以得到结论：当 while 后面的表达式的第一次的值为"真"时，两种循环得到的结果相同；否则，二者结果不相同（指二者具有相同的循环体的情况）。

2. for 语句的各种形式

在实际编程中，for 语句相当灵活，形式变化多样。

主教材中介绍过 for 语句的一般形式为

for(表达式 1;表达式 2;表达式 3) 语句

(1) 表达式 1 可以省略，但表达式 1 后面的分号不能省略。如

```
for(;i<=100;i++) sum=sum+i;
```

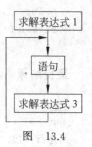

执行时,跳过"求解表达式 1"这一步,其他不变。注意,此时应在 for 语句之前给循环变量赋初值(如"i＝1;"),以便循环能正常进行。

(2) 如果表达式 2 省略,即不判断循环条件,循环会无终止地进行下去,也就是认为表达式 2 始终为真,如图 13.4 所示。

例如:

图 13.4

```
for(i=1; ;i++) sum=sum+i;
```

表达式 1 是一个赋值表达式,表达式 2 空缺。它相当于:

```
i=1;
while(1)
{
  sum=sum+i;
  i++;
}
```

(3) 表达式 3 也可以省略,但此时程序编写者应另外设法保证循环能正常结束。例如:

```
for(i=1;i<=100;)
{
  sum=sum+i;
  i++;
}
```

在上面的 for 语句中只有表达式 1 和表达式 2,而没有表达式 3。i＋＋的操作不放在 for 语句表达式 3 的位置,而作为循环体的一部分,效果也是一样的,都能使循环正常结束。

(4) 可以省略表达式 1 和表达式 3,只有表达式 2,即只给循环条件。例如:

```
for(;i<=100;)                 相当于          while(i<=100)
{                                            {
  sum=sum+i;                                   sum=sum+i;
  i++;                                         i++;
}                                            }
```

在这种情况下,完全等同于 while 语句。可见 for 语句比 while 语句功能更强,除了可以给出循环条件外,还可以赋初值、使循环变量自动增值等。

(5) 3 个表达式都可省略,例如:

```
for(; ;) 语句
```

即不设初值,不判断循环条件是否满足(认为表达式 2 为真值),循环变量不增值。无终止地执行循环体。

for(; ;) 语句相当于 while(1) 语句。

此时循环条件始终为真(非 0 的数值代表"真"),无终止地执行循环体。

(6) 表达式 1 可以是设置循环变量初值的赋值表达式,也可以是与循环变量无关的任意表达式。例如：

```
for(sum=0;i<=100;i++) sum=sum+i;
```

表达式 1 和表达式 3 可以是一个简单的表达式，也可以是逗号表达式，即包含一个以上的简单表达式，中间用逗号间隔。例如：

```
for(sum=0,i=1;i<=100;i++) sum=sum+i;
```

或

```
for(i=0,j=100;i<=j;i++,j--) k=i+j;
```

表达式 1 和表达式 3 都是逗号表达式，各包含两个赋值表达式，即同时设两个初值，使两个变量增值，执行情况如图 13.5 所示。

在逗号表达式内按自左至右顺序求解，整个逗号表达式的值为其中最右边的表达式的值。例如：

```
for(i=1;i<=100;i++,i++) sum=sum+i;
```

相当于

```
for(i=1;i<=100;i=i+2) sum=sum+i;
```

(7) 表达式一般是关系表达式（如 i<=100）或逻辑表达式（如 a<b && x<y）。但也可以是数值表达式或字符表达式，只要其值为非 0 就执行循环体。分析下面两个例子。

① 第 1 个例子。

```
for(i=0;(c=getchar())!='\n';i=i+c);
```

在表达式 2 中先从终端接收一个字符赋给 c，然后判断此赋值表达式的值是否不等于 '\n'(换行符)，如果不等于'\n'，就执行循环体。此 for 语句的执行过程如图 13.6 所示，它的作用是不断输入字符，将它们的 ASCII 码相加，直到输入一个换行符为止。

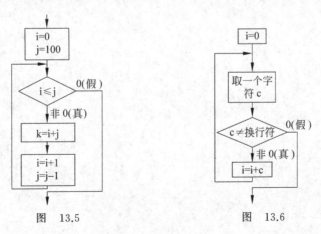

图　13.5　　　　　　　　　图　13.6

注意：此 for 语句的循环体为空语句，把本来要在循环体内处理的内容放在表达式 3 中，作用是一样的。可见 for 语句功能强大，可以在表达式中完成本来应在循环体内完成的操作。

② 第 2 个例子。

```
for( ;(c=getchar())!='\n';)
  printf("%c",c);
```

for 语句中只有表达式 2,而无表达式 1 和表达式 3。其作用是每读入一个字符后立即输出该字符,直到输入一个换行符为止。请注意,从终端键盘输入时,是在按 Enter 键以后才将一批数据一起送到内存缓冲区中。

运行结果:

Computer↙　　　　　　　　　　　　（输入）
Computer　　　　　　　　　　　　　（输出）
注意运行结果不是
CCoommppuutteerr

即不是从终端输入一个字符马上输出一个字符,而是按 Enter 键后将数据送入内存缓冲区,然后每次从缓冲区读一个字符,再输出该字符。

从上面的介绍可以知道 C 语言中的 for 语句比其他语言（如 Pascal）中的 for 语句功能更强大,可以把循环体和一些与循环控制无关的操作也作为表达式 1 或表达式 3 出现,从而使程序可以更加短小简洁。但过分地利用这一特点会使 for 语句显得杂乱,可读性降低,所以不要把与循环控制无关的内容放到 for 语句中。

第14章　对主教材第5章的补充与提高

1. 为什么在定义二维数组时采用两对双括号的形式

在 FORTRAN 语言等其他一些高级语言中,定义和引用二维数组时采用的形式是在一对括号中写两个下标,即

INTEGER A(3,4)　　　　　　(定义一个 3 行 4 列的二维数组 A)

而 C 语言规定在定义和引用二维数组时采用两对括号:

类型名 数组名[常量表达式][常量表达式];

例如:

int a[3][4];

这样做的好处是:使二维数组可被看作一种特殊的一维数组,这个一维数组又是由另外几个一维数组组成的。例如,a 是一个二维数组,可以把它看作一个包含了 a[0]、a[1]、a[2]3 个元素的一维数组,每个元素又是一个包含另外 4 个元素的一维数组,如图 14.1 所示。

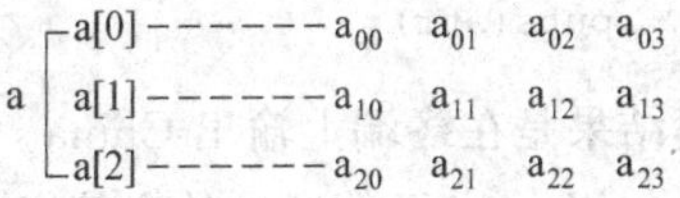

$$a\begin{bmatrix} a[0] \text{------} & a_{00} & a_{01} & a_{02} & a_{03} \\ a[1] \text{------} & a_{10} & a_{11} & a_{12} & a_{13} \\ a[2] \text{------} & a_{20} & a_{21} & a_{22} & a_{23} \end{bmatrix}$$

图 14.1

可以把 a[0]、a[1]、a[2]看作 3 个一维数组的名字。上面定义的二维数组可以理解为定义了 3 个一维数组,即相当于

int a[0][4],a[1][4], a[2][4];

此处表示一维数组 a[0]包含 4 个元素,a[1]和 a[2]也分别包含 4 个元素。这样,在程序中不仅可以引用某一行某一列的元素,如主教材第 6 章例 6.6 程序中的 diamond[i][j],又可以通过单下标引用某一行,如例 6.7 程序中定义 str 数组为二维数组,即"char str[3][20];"。可以用 str[0]和 str[1]进行比较,也可以用 printf("%s\n",str[0])输出 str 数组第 1 行中的字符变量。

C 语言的这种处理方法在数组初始化和用指针表示时非常方便,读者可以慢慢体会。

提示:如果上面的 a[0]、a[1]、a[2]分别用 b、c、d 代表并作为数组名就更容易理解了,这样 a[0][4]相当于 b[4],a[1][4]相当于 c[4],a[2][4]相当于 d[4]。另外,数组名不代表数组中的全部元素,例如不能用 printf("%d",a)输出整型数组的全部元素的值,数组名只代表数组首元素的地址。如果有二维字符数组 str,则 str[0]代表数组 str 中 0 行的首元素地址,str[1]代表 1 行的首元素地址。在输出 str[0]时,系统找到 str 数组中 0 行的首元素

地址,然后逐个输出字符,直到遇到'\0'为止,结果是输出了序号为 0 的行中的字符串。

2. 对字符串函数的详细说明

(1) gets 函数(读入字符串函数)

其一般形式为

```
gets(字符数组)
```

其作用是从终端输入一个字符串到字符数组,并且得到一个函数值。该函数值是字符数组的起始地址。如果执行以下的函数:

```
gets(str)
```

若从键盘输入:

Computer↙

将输入的字符串"Computer"送给字符数组 str(请注意,送给数组的共有 9 个字符,而不是 8 个字符),函数值为字符数组 str 的起始地址。一般利用 gets 函数的目的是向字符数组输入一个字符串,而不必关心其函数值。

(2) puts 函数(输出字符串函数)

其一般形式为

```
puts (字符数组)
```

其作用是将一个字符串(以'\0'结束的字符序列)输出到终端。假如已定义 str 是一个字符数组名,且该数组已被初始化为"China"。则执行:

```
puts(str);
```

其结果是在终端上输出 China。

用 puts 函数输出的字符串中可以包含转义字符。例如:

```
char str[]={"China\nBei jing"};
puts(str);
```

'\n'是一个转义字符,执行回车换行。先输出字符串 China,然后换行,再输出 Beijing,此时遇'\0'结束。输出结果如下:

```
China
Beijing
```

由于可以用 printf 函数输出字符串,因此实际 puts 函数用得不多。

(3) strcat 函数(字符串连接函数)

其一般形式为

```
strcat(字符数组 1,字符数组 2)
```

strcat 是 string catenate(字符串连接)的缩写。其作用是连接两个字符数组中的字符串,把字符串 2 接到字符串 1 的后面,把得到的结果放在字符数组 1 中,函数调用后得到一个函数值——字符数组 1 的地址。例如:

168

```
char str1[30]={"People's Republic of "};
char str2[]={"China"};
printf("%s",strcat(str1,str2));
```

输出：

People's Republic of China

连接前后的状况如图 14.2 所示。

str1: | P | e | o | p | l | e | ' | s | ␣ | R | e | p | u | b | l | i | c | ␣ | o | f | ␣ | \0 | \0 | \0 | \0 | \0 | \0 | \0 | \0 | \0 |

str2: | C | h | i | n | a | \0 |

str3: | P | e | o | p | l | e | ' | s | ␣ | R | e | p | u | b | l | i | c | ␣ | o | f | ␣ | C | h | i | n | a | \0 | \0 | \0 | \0 |

图　14.2

提示：

① 字符数组 1 必须足够大，以便容纳连接后的新字符串。本例中定义 str1 的长度为 30。如果在定义时改用"str1[]={"People's Republic of"};"就会因长度不够出现问题。

② 前两个字符串的后面都有'\0'，连接时会将字符串 1 后面的'\0'去掉，只在新字符串最后保留'\0'。

（4）strcpy 函数和 strncpy 函数（字符串复制函数）

strcpy 函数的一般形式为

strcpy(字符数组 1,字符串 2)

strcpy 是 string copy（字符串复制）的简写。它是字符串复制函数，作用是将字符串 2 复制到字符数组 1 中。例如：

```
char str1[10]='',str2[]={"China"};
strcpy(str1,str2);
```

执行后，str1 的状态如图 14.3 所示。

| C | h | i | n | a | \0 | \0 | \0 | \0 | \0 |

图　14.3

提示：

① 字符数组 1 必须定义得足够大，以便容纳被复制的字符串。字符数组 1 的长度不应小于字符串 2 的长度。

② 字符数组 1 必须写成数组名形式（如 str1）。字符串 2 可以是字符数组名，也可以是一个字符串常量。例如：

```
strcpy(str1,"China");
```

作用与前面相同。

③ 如果在复制前未对 str1 数组赋值，则 str1 各字节中的内容无法预知。复制时将 str2 中的字符串和其后的'\0'一起复制到字符数组 1 中，取代字符数组 1 中的前 6 个字符，最后

4 个字符并不一定是'\0',而是 str1 中原有的最后 4 个字节的内容。

④ 不能用赋值语句将一个字符串常量或字符数组直接赋值给一个字符数组。如下面两行都是不合法的:

```
str1="China";
str1=str2;
```

用 strcpy 函数可以将一个字符串复制到另一个字符数组中,而用赋值语句只能将一个字符赋给一个字符型变量或字符数组元素。如下面的语句是合法的:

```
char a[5],c1,c2;
c1='A';c2='B';
a[0]='C';a[1]='h';a[2]='i';a[3]='n';a[4]='a';
```

⑤ 可以用 strncpy 函数将字符串 2 中前若干个字符复制到字符数组 1 中。例如:

```
strncpy(str1,str2,2);
```

其作用是将 str2 中最前面的 2 个字符复制到 str1 中,取代 str1 中原有的最前面 2 个字符。但复制的字符个数 n 不应多于 str1 中原有的字符(不包括'\0')。

(5) strcmp 函数(字符串比较函数)

其一般形式为

```
strcmp(字符串 1,字符串 2)
```

strcmp 是 string compare(字符串比较)的缩写。它的作用是比较字符串 1 和字符串 2。例如:

```
strcmp(str1,str2);
strcmp("China","Korea");
strcmp(str1,"Beijing");
```

主教材中已说明了字符串比较的规则:对两个字符串自左至右逐个字符相比(按 ASCII 码值大小比较),直到出现不同的字符或遇到'\0'为止。如果全部字符相同,则认为相等;若出现不相同的字符,则以第一个不相同的字符的比较结果为准。例如:

```
"A"<"B", "a">"A","computer">"compare","these">"that","36+54"<"a=b",
"CHINA">"CANADA","DOG"<"cat"
```

如果参加比较的两个字符串都由英文字母组成,则有一个简单的规律:在英文字典中位置在后面的为大。例如,computer 在字典中的位置在 compare 之后,所以"computer">"compare"。但应注意,小写字母比大写字母"大",所以"DOG"<"dog"。

比较的结果由函数值带回。

① 如果字符串 1 等于字符串 2,则函数值为 0。

② 如果字符串 1 大于字符串 2,则函数值为一个正整数。

③ 如果字符串 1 小于字符串 2,则函数值为一个负整数。

注意:对两个字符串比较,不能用以下形式。

```
if(str1>str2)
  printf("yes");
```

而只能用

```
if(strcmp(str1,str2)>0)
  printf("yes");
```

（6）strlen 函数（测试字符串长度函数）

其一般形式为

```
strlen (字符数组)
```

strlen 是 string length（字符串长度）的缩写。它是测试字符串长度的函数,函数的值为字符串中的实际长度（不包括'\0'）。例如：

```
char str[10]={"China"};
printf("%d",strlen(str));
```

输出结果不是 10,也不是 6,而是 5。

可以直接测试字符串常量的长度,例如：

```
strlen("China");
```

（7）strlwr 函数（转换为小写字符函数）

其一般形式为

```
strlwr (字符串)
```

strlwr 是 string lowercase（字符串小写）的缩写。函数的作用是将字符串中大写字母转换成小写字母。

（8）strupr 函数（转换为大写字符函数）

其一般形式为

```
strupr (字符串)
```

strupr 是 string uppercase（字符串大写）的缩写。函数的作用是将字符串中小写字母转换成大写字母。

以上介绍了常用的 8 种字符串处理函数,读者不必死记硬背,从函数的名字（英文缩写）可以大体知道函数的功能,必要时查一下相关参考资料即可。

第15章 对主教材第6章的补充与提高

1. 实参求值的顺序

如果实参列表包括多个实参,C语言标准并未规定各实参求值的执行顺序,有的系统按自左至右的顺序求实参的值,有的系统(如 Turbo C 2.0、Turbo C++ 3.0、VC++ 6.0)则按自右至左的顺序求值。如有:

```
printf("%d,%d\n",i,++i);
```

若 i 的原值为3,在 VC++ 6.0 环境下运行的结果不是"3,4",而为"4,4",因为按自右至左顺序,先求++i 得4,再向左进行,此时的 i 已是4了。这些细节不必死记,在使用中会自然掌握。在此提出此问题是提醒读者,在编写程序时应该避免这种容易产生混淆的用法,尤其是使用++和——运算符时更易出错,要倍加小心,如果想输出3和4,应写成:

```
i=3;
j=i++;
printf("%d,%d",i,j);
```

这样更加清晰明确,不易出错。

2. 递归的典型例子——Hanoi(汉诺)塔问题

在主教材6.5节中介绍了函数的递归调用,并介绍了几个简单的例子。对于递归算法,初学者可能会感到不易掌握,需要多思考、多分析。下面提供一个典型的递归程序——著名的 Hanoi 塔问题。初学者最好能真正理解这个程序。

Hanoi 塔问题是一个古典的数学问题,是一个用递归方法解题的典型例子。

古印度有一个梵塔,塔内有 A、B、C 3 根柱子。开始时 A 柱上套有64个盘子,盘子大小不等,大的在下,小的在上(见图15.1)。有一个老和尚想把这64个盘子从 A 柱移到 C 柱上,但规定每次只能移动一个盘子,且在任何时候3根柱子上的盘子都是大盘在下,小盘在上。在移动过程中可以利用 B 柱。有人说,当移动完这些盘子时,世界末日就到了。

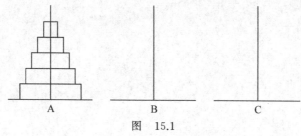

图 15.1

现在利用计算机模拟移动盘子的过程,要求输出移动盘子的每一步。

解题思路:读者不太可能直接写出移动盘子的每一个具体步骤。请试验一下 5 个盘子从 A 柱移到 C 柱,能否直接写出每一步骤。

那么应该怎样解决这个问题呢?

假如有另外一个和尚能有办法将 63 个盘子从一根柱子移到另一根柱子上,那么问题就解决了。此时老和尚只需这样做:

(1) 命令第 2 个和尚将 63 个盘子从 A 柱移到 B 柱上;

(2) 自己将 1 个盘子(最底下的、最大的盘子)从 A 柱移到 C 柱上;

(3) 再命令第 2 个和尚将 63 个盘子从 B 柱移到 C 柱上。

至此,全部任务就完成了。但是,怎样移动 63 个盘子的问题实际上并未解决:第 2 个和尚怎样才能将 63 个盘子从 A 柱移到 B 柱上? 问题的关键是有人能做同样的工作,仅是移动的盘子数少 1 个。这就是递归方法。

为了解决将 63 个盘子从 A 柱移到 B 柱上,第 2 个和尚又想:如果有人能将 62 个盘子从一根柱子移到另一根柱子上,我就能将 63 个盘子从 A 柱移到 B 柱上,他的做法如下:

(1) 命令第 3 个和尚将 62 个盘子从 A 柱移到 C 柱上;

(2) 自己将 1 个盘子从 A 柱移到 B 柱上;

(3) 再命令第 3 个和尚将 62 个盘子从 C 柱移到 B 柱上。

再进行一次递归。如此"层层下放",直到找到第 63 个和尚,让他完成将 2 个盘子从一根柱子移到另一根柱子上,进行到此,问题就接近解决了。最后找到第 64 个和尚,让他完成将 1 个盘子从一根柱子移到另一根柱子上,至此,全部工作都已落实,且可以执行。

可以看出,递归的结束条件是最后一个和尚只需移动一个盘子,否则递归还要继续进行下去。

应当说明,只有第 64 个和尚的任务完成后,第 63 个和尚的任务才能完成。只有第 64 个和尚到第 2 个和尚任务都完成后,第 1 个和尚的任务才能完成。这是一个典型的递归问题。

为便于理解,先分析将 A 柱上 3 个盘子移到 C 柱上的过程:

(1) 将 A 柱上 2 个盘子移到 B 柱上(借助 C 柱);

(2) 将 A 柱上 1 个盘子移到 C 柱上;

(3) 将 B 柱上 2 个盘子移到 C 柱上(借助 A 柱)。

其中第 2 步可以直接实现。第 1 步又可用递归方法分解为:

① 将 A 柱上 1 个盘子从 A 柱移到 C 柱上;

② 将 A 柱上 1 个盘子从 A 柱移到 B 柱上;

③ 将 C 柱上 1 个盘子从 C 柱移到 B 柱上。

第 3 步可以分解为:

① 将 B 柱上 1 个盘子从 B 柱移到 A 柱上;

② 将 B 柱上 1 个盘子从 B 柱移到 C 柱上;

③ 将 A 柱上 1 个盘子从 A 柱移到 C 柱上。

将以上综合起来,可得到移动 3 个盘子的步骤为

A→C,A→B,C→B,A→C,B→A,B→C,A→C。

共需要 7 步。由此可以推出,移动 n 个盘子需要 2^{n-1} 步,如移 4 个盘子需要 15 步,移 5 个盘子需要 31 步,移 64 个盘子需要 $2^{64}-1$ 步。

由以上分析可知,将 n 个盘子从 A 柱移到 C 柱可以分解为以下 3 个步骤:

(1) 将 A 柱上 $n-1$ 个盘子借助 C 柱先移到 B 柱上;

(2) 把 A 柱上剩下的一个盘子移到 C 柱上;

(3) 将 $n-1$ 个盘子从 B 柱借助于 A 柱移到 C 柱上。

上面第 1 步和第 3 步,都是把 $n-1$ 个盘从一根柱子移到另一根柱子上,采取的办法是一样的,只是不同的柱子而已。为使之一般化,可以将第 1 步和第 3 步表示为:将 x 柱上 $n-1$ 个盘移到 y 柱(借助 z 柱)。只是在第 1 步和第 3 步中,x、y、z 和 A、B、C 的对应关系不同。第 1 步的对应关系是 x 对应 A,y 对应 B,z 对应 C;第 3 步的对应关系是 x 对应 B,y 对应 C,z 对应 A。

因此,可以把上面 3 个步骤分成以下两类操作。

(1) 将 $n-1$ 个盘子从一根柱子移到另一根柱子上($n>1$)。这就是大和尚让小和尚做的工作,它是一个递归的过程,即和尚将任务层层下放,直到第 64 个和尚为止。

(2) 将 1 个盘子从一根柱子上移到另一根柱子上。这是大和尚自己做的工作。

下面编写程序。分别用两个函数实现以上两类操作,用 hanoi 函数实现上面第 1 类操作(即模拟小和尚的任务),用 move 函数实现第 2 类操作(模拟大和尚自己移盘)。调用函数 hanoi(n,x,y,z)表示将 n 个盘子从 x 柱移到 z 柱的过程(借助 y 柱)。调用函数 move(a, b)表示将 1 个盘子从 A 柱移到 B 柱的过程。a 和 b 代表 A、B、C 3 根柱子之一,根据每次不同的情况分别取 A、B、C 代入。

编写程序:

```
#include <stdio.h>
int main()
{
  void hanoi(int n,char x,char y,char z);   //对调用的函数 hanoi 的声明
  int m;                                     //m 是需要移动的盘子数
  printf("Input the number of diskes:");
  scanf("%d",&m);                            //输入盘子数
  printf("The step to moving %d diskes:\n",m);
  hanoi(m,'A','B','C');                      //执行移动盘子
  return 0;
}

void hanoi(int n,char x,char y,char z)       //定义 hanoi 函数
{
  void move(char a,char b);                  //对调用的函数 move 的声明
  if(n==1) move(x,z);                        //最后一个和尚只需移动一个盘子
  else
  {
    hanoi(n-1,x,z,y);                        //递归调用下一个和尚移动 n-1 个盘子
    move(x,z);                               //自己移动一个盘子
```

```
    hanoi(n-1,y,x,z);                      //递归调用下一个和尚移动 n-1 个盘子
  }
}

void move(char a,char b)                   //定义 move 函数
{
  printf("%c-->%c\n",a,b);;                //移动一个盘子的路径
}
```

运行结果：

Input the number of diskes:3↙   (需要移动 3 个盘子)
The steps to moving 3 diskes:
A-->C   (将一个盘子从 A 柱移到 C 柱上)
A-->B   (将一个盘子从 A 柱移到 B 柱上)
C-->B   (将一个盘子从 C 柱移到 B 柱上)
A-->C   (将一个盘子从 A 柱移到 C 柱上)
B-->A   (将一个盘子从 B 柱移到 A 柱上)
B-->C   (将一个盘子从 B 柱移到 C 柱上)
A-->C   (将一个盘子从 A 柱移到 C 柱上)

请读者验证一下按此步骤能否实现将 3 个盘子从 A 柱移到 C 柱上。

可以看到，将 3 个盘子从 A 柱移到 C 柱需要移 7 次，如果将 64 个盘子从 A 柱移到 C 柱需要移动 $2^{64}-1$ 次。假设和尚每次移动 1 个盘子需要 1s，则移动 $2^{64}-1$ 次需要 $2^{64}-1$s，大约相当于 6×10^{11} 年，即大约需要 600 亿年，所以说，当老和尚移完 64 个盘子时，"世界末日"也到了。

请读者仔细分析，理解递归的算法以及如何编写递归程序。

3. 变量的存储方式和生存期

除了作用域以外，变量还有一个重要的属性：变量的生存期，即变量值存在的时间。有的变量在程序运行的整个过程都是存在的，而有的变量则是在调用其所在的函数时才临时分配存储单元，而在函数调用结束后就释放了，变量不再存在了。

也就是说，变量的存储有两种不同的方式：静态存储方式和动态存储方式。静态存储方式是指在程序运行期间由系统在静态存储区分配存储空间的方式，在程序运行期间不释放；而动态存储方式则是在函数调用期间根据需要在动态存储区分配存储空间的方式。这就是变量的存储类别。

全局变量采用静态存储方式，在程序开始执行时给全局变量分配存储区，程序执行完毕释放。在程序执行过程中它们占据固定的存储单元，而不是动态地进行分配和释放。在函数中定义的变量，在函数调用开始时分配动态存储空间，函数结束时释放这些空间。在程序执行过程中，这种分配和释放是动态的。

每一个变量和函数都有两个属性：数据类型和数据的存储类别。在定义变量时，除了需要定义数据类型外，在需要时还可以指定其存储类别。

C 语言中可以指定以下存储类别。

（1）auto（用于声明自动变量）

在函数中定义的变量（包括在复合语句中定义的变量）和函数中的形参都属于此类。在调用该函数时，系统给这些变量分配存储空间，在函数调用结束时自动释放这些存储空间，因此这类局部变量称为自动变量。自动变量用关键字 auto 作存储类别的声明。例如：

```
auto int b,c=3;                          //定义 b、c 为自动变量
```

关键字 auto 可以省略，此时默认为"自动存储类别"，它属于动态存储方式。函数中大多数变量属于自动变量。

（2）static（用于声明静态局部变量）

希望函数中的局部变量的值在函数调用结束后不消失而继续保留原值，即其占用的存储单元不释放，在下一次该函数调用时，该变量的值就是上一次函数调用结束时的值，这时就应用关键字 static 指定该局部变量为"静态局部变量"。

【例 15.1】 输出 1～5 的阶乘值。

解题思路：可以编写一个函数用来进行一次累乘，如第 1 次调用时进行 1 乘 1，第 2 次调用时再乘以 2，第 3 次调用时再乘以 3，依此规律进行下去。这时希望上一次求出的连乘值保留，以便下 次继续运算。可以用 static 指定变量不释放，保留原值。

编写程序：

```c
#include <stdio.h>
int main()
{
  int fac(int n);
  int i;
  for(i=1;i<=5;i++)                      //先后 5 次调用 fac 函数
    printf("%d!=%d\n",i,fac(i));         //每次计算并输出 i!的值
  return 0;
}
int fac(int n)
{
  static int f=1;                        //f 保留了上次调用结束时的值
  f=f*n;                                 //在上次的 f 值的基础上再乘以 n
  return(f);                             //返回值 f 是 n!的值
}
```

运行结果：

```
1!=1
2!=2
3!=6
4!=24
5!=120
```

程序分析：在第 1 次调用 fac(1)函数时，f 的值为 1，return 语句将 1 带回主函数输出 1!的值。函数调用结束后，其他局部变量都释放了，只有变量 f 由于已声明为 static，所以不释

放,仍然保留原值 1。在第 2 次调用 fac 函数(即 fac(2))时,f 的初值是 1,n 是 2,因此 f 的新值为 2,在主函数输出 2! 的值 2。调用结束后,f 仍不释放,仍然保留最后的值 2,以便下次再乘 3……

提示:下面是对静态局部变量的说明。

① 静态局部变量属于静态存储类别,在静态存储区内分配存储单元,在程序整个运行期间都不释放。而自动变量(即动态局部变量)属于动态存储类别,占动态存储区空间而不占静态存储区空间,函数调用结束后即释放。

② 指定为静态(static)的局部变量,在编译时赋初值,即只赋初值一次,在程序运行时它已有初值,以后每次调用函数时不再重新赋初值,而只是保留上次函数调用结束时的值。而自动变量不是在编译时赋初值,而是在函数调用时赋初值,即每调用一次函数重新赋一次初值,相当于执行一次赋值语句。

③ 如在定义局部变量时不赋初值,静态局部变量编译时自动赋初值 0(对数值型变量)或空字符(对字符型变量)。而自动变量如果不赋初值,则它的值是一个不确定的值。这是由于每次函数调用结束后存储单元已释放,下次调用时又重新分配存储单元,而所分配的单元中的值是不可知的。

④ 虽然静态局部变量在函数调用结束后仍然存在,但其他函数是不能引用它的,因为它是局部变量,只能被本函数引用,而不能被其他函数引用。

⑤ 使用静态存储占用内存较多(长期占用不释放,而不像动态存储那样一个存储单元可供多个变量使用),而且降低了程序的可读性,当调用次数多时往往弄不清静态局部变量的当前值是什么。因此,若非必要,不要过多使用静态局部变量。

有时在程序设计中希望某些外部变量只限于被本文件引用,而不能被其他文件引用,这时可以在定义外部变量时加一个 static 声明。这种加上 static 声明、只能用于本文件的外部变量称为静态外部变量。在程序设计中,常由若干人分别完成各个模块,各人可以独立地在其设计的文件中使用相同的外部变量名而互不相干,只需在每个文件中的外部变量前加上 static 即可,这就为程序的模块化、通用性提供了方便。如果已确定其他文件不需要引用本文件的外部变量,就可以对本文件中的外部变量都加上 static,成为静态外部变量,以免被其他文件误用,这就相当于把变量对外界"屏蔽"起来。其他文件是看不见这个变量的。

注意:static 对局部变量和全局变量的作用不同。对局部变量来说,它使变量由动态存储方式改变为静态存储方式;而对全局变量来说,它使变量局部化(局部于本文件),但仍为静态存储方式。

(3) register(用于声明寄存器变量)

一般情况下,变量(包括静态存储方式和动态存储方式)的值是存放在内存中的。当程序用到哪一个变量的值时,由控制器发出指令将内存中该变量的值送到运算器中。经过运算器运算,如果需要存数,再从运算器将数据送到内存存放。

如果有一些变量使用频繁(例如,在一个函数中执行 10 000 次循环,每次循环中都要引用某局部变量),则因为存取变量的值需要花费不少时间。为提高执行效率,C 语言允许将局部变量的值放在 CPU 中的寄存器(寄存器可以认为是一种超高速的存储器)中,需要时直接从寄存器取出参加运算。由于对寄存器进行存取的速度远高于对内存进行存取的速度,因此可以提高执行效率。这种变量叫作寄存器变量,用关键字 register 作声明。如:

```
register int f;                        //定义 f 为寄存器变量
```

由于计算机的速度越来越快,性能越来越高,优化的编译系统能够识别使用频繁的变量,从而自动地将这些变量存放在寄存器中,而不需要程序设计者指定。因此,实际上用register 声明变量是不必要的。读者只需知道有这种变量,以便在阅读他人编写的程序时不会感到困惑。

(4) extern(用于声明外部变量的作用范围)

全局变量的生存期是固定的,存在于程序的整个运行过程。但是,对全局变量来说,还有一个问题尚待解决,就是它的作用域究竟从什么位置开始,到什么位置结束,其作用域是包括整个文件,还是文件中的一部分呢? 是在一个源程序文件中有效,还是在程序的所有的源程序文件中都有效呢? 这就需要指定不同的存储类别。

① 在一个源程序文件内扩展外部变量的作用域。如果外部变量不在源程序文件的开头定义,其有效的作用范围只限于定义点到文件结束。在定义点之前的函数不能引用该外部变量。如果由于某种考虑,在定义点之前的函数需要引用该外部变量,则应该在引用之前用关键字 extern 对该变量作"外部变量声明",例如,"extern A;"表示把该外部变量 A 的作用域扩展到此位置。有了此声明,就可以从"声明"处开始合法地使用该外部变量。

提倡将外部变量的定义放在引用它的所有函数之前,这样可以避免在函数中多加一个extern 声明。

② 将外部变量的作用域扩展到其他源程序文件。如果程序只由一个源文件组成,使用外部变量的方法前面已经介绍。但是如果程序由多个源程序文件组成,那么在一个源程序文件中想引用另一个源程序文件中已定义的外部变量,有什么办法呢?

如果一个程序包含两个源程序文件,在两个源程序文件中都要用到同一个外部变量Num,不能分别在两个源程序文件中各自定义一个外部变量 Num,否则在进行程序的连接时会出现"重复定义"的错误。正确的做法是:在任意一个文件中定义外部变量 Num,而在另一个文件中用 extern 对 Num 作"外部变量声明",即"extern Num;"。在编译和连接时,系统会由此知道 Num 是一个已在别处定义的外部变量,并将在另一个源程序文件中定义的外部变量的作用域扩展到本源程序文件,在本源程序文件中可以合法地引用外部变量 Num。

由上可知,对一个数据的定义,需要指定两种属性,即数据类型和存储类别,分别使用两个关键字。例如:

```
static int a;                          //静态局部整型变量或静态外部整型变量
auto char c;                           //自动变量,在函数内定义
register int d;                        //寄存器变量,在函数内定义
```

此外,可以用 extern 声明已定义的外部变量,例如:

```
extern b;                              //声明把已定义的外部变量 b 的作用域扩展至此
```

4. 关于作用域和生存期的小结

从前面叙述可以知道,对一个变量的属性可以从两个方面分析,一是变量的作用域;二是变量值存在时间的长短,即生存期。前者是从空间的角度,后者是从时间的角度,二者存在一定的联系。图 15.2 是作用域的示意图,图 15.3 是生存期的示意图。

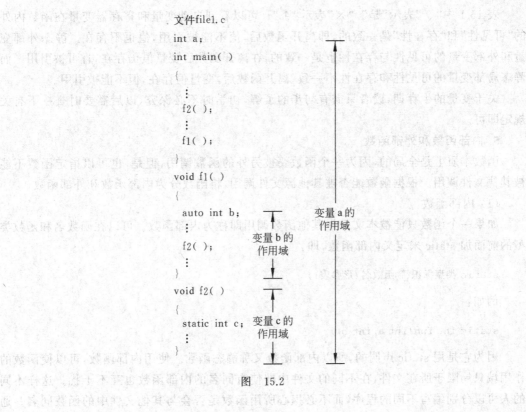

图　15.2

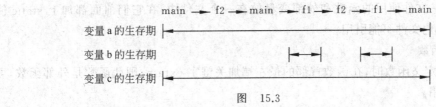

图　15.3

　　如果一个变量在某个文件或函数范围内有效,则称该范围为变量的作用域,在此作用域内可以引用该变量,所以在专业书中称变量在此作用域内"可见",这种性质又称为变量的可见性,例如,图 15.3 中变量 a 和变量 b 在函数 f1 中"可见"。如果一个变量值在某一时刻是存在的,则认为这一时刻属于该变量的生存期,或称该变量在此时刻"存在"。表 15.1 说明了各种类型变量的作用域和存在性的情况。

表　15.1

变量存储类别	函　数　内		函　数　外	
	作用域	存在性	作用域	存在性
自动变量和寄存器变量	√	√	×	×
静态局部变量	√	√	×	√
静态外部变量	√	√	√(只限本文件)	√
外部变量	√	√	√	√

表 15.1 中"√"表示"是","×"表示"否"。可以看到自动变量和寄存器变量在函数内外的"可见性"和"存在性"是一致的,即离开函数后,值不能被引用,值也不存在。静态外部变量和外部变量的可见性与存在性也是一致的,在离开函数后变量值仍存在,且可被引用。而静态局部变量的可见性和存在性不一致,离开函数后,变量值存在,但不能被引用。

关于变量的生存期,读者只需有初步的了解,初学时不必深究,以后需要时查一下有关规定即可。

5. 内部函数和外部函数

函数本质上是全局的,因为一个函数要被另外的函数调用,但是,也可以指定函数不能被其他文件调用。根据函数能否被其他源文件调用,将函数分为内部函数和外部函数。

(1) 内部函数

如果一个函数只能被本文件中其他函数调用即称为内部函数。可以在函数名和函数类型的前面加 static 来定义内部函数,即:

static 类型标识符 函数名(形参表);

例如:

static int fun(int a,int b);

因为它是用 static 声明的,所以内部函数又称静态函数。使用内部函数,可以使函数的作用域只局限于所在文件,在不同的文件中即使有同名的内部函数也互不干扰。这样不同的人可以分别编写不同的程序,而不必担心所用函数是否会与其他文件中的函数同名。通常把只能由同一文件使用的函数和外部变量放在一个文件中,在它们前面都加上 static 使之局部化,使其他文件不能引用。

(2) 外部函数

① 如果在定义函数时,在函数首部的最左端加关键字 extern,则此函数是外部函数,可供其他文件调用。

如函数首部写为

extern int fun (int a, int b);

函数 fun 就可以为其他文件调用。C 语言规定,如果在定义函数时省略 extern,则隐含为外部函数。本书前面所用的函数都是外部函数。

② 在需要调用此函数的文件中,用 extern 对函数作声明,表示该函数是在其他文件中定义的外部函数。使用 extern 声明能够在一个源程序文件中调用其他源程序文件中定义的函数,或者说把该函数的作用域扩展到本文件。由于函数在本质上是外部的,在程序中经常要调用外部函数,为方便编程,C 语言允许在声明函数时省略 extern,因此 extern 可以省略不写。我们在程序中加上 extern 只是强调说明这些函数是其他文件中的外部函数。

有关多文件程序的编译、连接和运行的方法,可参考本书第 19 章。

有关内部函数和外部函数,初学时只需有一定了解,以后需要时查一下有关规定即可。

6. 关于变量的声明和定义

在主教材第 2 章中介绍了如何定义一个变量,在主教材第 6 章中又介绍了如何对一个函数作声明。可能有些读者弄不清楚定义与声明的区别。在 C 语言的学习中,关于定义与声明这两个名词的使用始终存在着混淆。不仅许多初学者没有搞清楚,连不少介绍 C 语言的教材和书刊也没有给出准确的说明。

在主教材第 2 章已经知道,一个函数一般由两部分组成:声明部分和执行语句。声明部分的作用是对有关的标识符(如变量、函数、结构体等)的属性进行声明。

对函数而言,声明和定义的区别是明显的,在主教材第 6 章中已说明,函数的声明是函数的原型;而函数的定义是函数的本身,即对函数功能的定义。对被调用函数的声明是可以放在主函数的声明部分中的;而函数的定义显然不能放在声明部分内,它是一个独立的模块。

对变量而言,声明与定义的关系稍复杂一些。在声明部分出现的变量有两种情况:一种是需要建立存储空间的(如“int a;”);另一种是不需要建立存储空间的(如“extern a;”)。前者称为定义性声明(defining declaration),或简称定义(definition);后者称为引用性声明(referencing declaration)。广义来说,声明包括定义,但并非所有的声明都是定义。对“int a;”而言,它既是声明,又是定义;对“extern a;”而言,它是声明而不是定义。一般为了叙述方便,把建立存储空间的声明称为定义,而把不需要建立存储空间的声明称为声明。显然这里指的声明是狭义的,即非定义性声明。例如:

```
in main()
{
  extern A;              //是声明,不是定义。声明“将已定义的外部变量 A 的作用域扩展到此”
  ⋮
}
int A;                   //是定义,定义 A 为整型外部变量
```

外部变量定义和外部变量声明的含义是不同的。外部变量定义只能有一次,它的位置在所有函数之外,而对同一文件中的外部变量的声明可以有多次,它的位置可以在函数之内(哪个函数需要就在哪个函数中声明),也可以在函数之外(在外部变量的定义点之前)。系统根据外部变量定义(而不是根据外部变量的声明)分配存储单元。对外部变量的初始化只能在“定义”时进行,而不能在“声明”中进行,不能有“extern a＝3;”。所谓“外部声明”的作用是声明该变量是一个在其他地方已定义的外部变量,仅仅是为了扩展该变量的作用范围而作的“声明”。extern 只用作声明,而不用于定义。

第16章 对主教材第7章的补充与提高

1. 对地址型数据的进一步说明

在主教材第7章开头已说明：指针就是地址。地址相当于旅馆的房间号，只要知道房间号就可以找到房间和旅客。但是，对计算机存储单元的访问要比访问旅馆的房间要复杂一些。为了有效存放一个数据，除了需要知道内存编号（即存储单元的位置）外，还需要有被访问的数据类型的信息，即了解在该存储单元中存放的是什么类型的数据（如整型、实型、字符型）。只有内存编号，而没有数据类型的信息，是无法对该数据进行存取的。

实际上，住旅馆也是类似的，旅馆中的房间是分类的（如普通房、高级房、贵宾房），假如你订了一间高级房，旅馆给你开了一张入住单，入住时服务员不仅会查对房间号，还要核实该房间是否为高级房，都对上了才让你入住。其实，在房间号中已经隐含了房间的类型。

C语言中所说的地址，其实包括内存编号和它指向的数据的类型信息，因此它是"带类的地址"，而不仅是指内存编号。

一个地址数据实际包括3个信息：

(1) 它所指向的数据的内存编号（即纯地址）；

(2) 它本身的类型，即指针类型（地址类型），而不是数值类型；

(3) 它指向的存储单元中存放的数据是什么类型，称为地址的"基类型"。

例如，已知变量a为int型，&a是a的地址，如果有指针变量p指向a，即p=&a。p和&a代表的是一个整型数据的地址，int是指针变量p和&a的基类型（即p和&a指向的是int型的存储单元），p和&a包括了以上3个信息。

可以这样表示：若p=&a，p和&a是整型数据a的地址，这个地址的基类型是整型。这个地址的类型可以表示为int *，其中 * 表示它是指针类型，int表示其基类型为整型。如int * p。

也可以说，一个指针数据（即地址数据）包括两个要素：内存编号（纯地址）和类型（指针类型和基类型）。

若有一个int型变量a和一个float型变量b，如果先后分配在2 000开始的存储单元中，请思考：&a和&b所含的信息完全相同吗？答案是：不完全相同。虽然存储单元的内存编号相同，但基类型不同。

```
int a=3, * p1;          //p1是指向 int 型数据的指针变量
float b=4.5, * p2;      //p2是指向 float 型数据的指针变量
p1=&a;                  //合法
p1=&b;                  //不合法
```

说明地址 &a 和 &b 是有类型的,只有类型匹配才能实现赋值。

2. 指针使用的技巧

对有关指针的内容掌握比较好的读者,可以通过下面的例子,了解指针的使用技巧。

在主教材例 7.13 使用函数 copy_string 实现了字符串的复制。除了例 7.13 所介绍的 copy_string 函数外,还有其他一些技巧,使 copy_string 函数更加精练、更加专业。请分析以下几种情况。

(1) 将 copy_string 函数改写为

```
void copy_string(char * from, char * to)
{
  while((* to= * from)!='\0')
    {to++;from++;}
}
```

请与例 7.13 程序进行比较。在本程序中将 * to= * from 的操作放在 while 语句括号内的表达式中,而且把赋值运算和判断是否为'\0'的运算放在一个表达式中,先赋值后判断。在循环体中使 to 和 from 增值,指向下一个元素,直到 * from 的值为'\0'为止。

(2) copy_string 函数的函数体还可改写为

```
{while((* to++= * from++)!='\0');}
```

把上面程序的 to++和 from++运算与 * to= * from 合并。它的执行过程是:先将 * from 赋给 * to,然后使 to 和 from 增值。显然这又简化了什么。

(3) copy_string 函数的函数体还可写成:

```
{
  while(* from!='\0')
    * to++= * from++;
  * to='\0';
}
```

当 * from 不等于'\0'时,将 * from 赋值给 * to,然后使 to 和 from 增值。

(4) 由于字符可以用其 ASCII 码代替,如 ch='a'可以用 ch=97 代替,while(ch!='a')可以用 while(ch!=97)代替,因此,while(* from!='\0')可以用 while(* from!=0)代替('\0'的ASCII 码为 0)。而关系表达式 * from!=0 又可简化为 * from,这是因为若 * from 的值不等于 0,则表达式 * from 为真,同时 * from!=0 也为真。因此,while(* from!=0) 和 while(* from)是等价的。所以函数体可简化为

```
{
  while(* from)
    * to++= * from++;
  * to='\0';
}
```

(5) 上面的 while 语句还可以进一步简化为下面的 while 语句:

```
while(* to++= * from++);
```

它与下面语句等价：

```
while((*to++=*from++)!='\0');
```

将 *from 赋值给 *to,如果赋值后的 *to 值等于'\0',则循环终止('\0'已赋值给 *to)。

(6) 函数体也可以改用 for 语句：

```
for(;(*to++=*from++)!=0;);
```

或

```
for(;*to++=*from++;);
```

(7) 也可以用字符数组名作函数形参,在函数中另定义两个指针变量 p1、p2。函数 copy_string 可写为：

```
void copy_string(char from[],char to[])
{
  char *p1,*p2;
  p1=from;p2=to;
  while((*p2++=*p1++)!='\0');
}
```

以上各种用法十分灵活,变化多端,比较专业,含义不直观,初看起来不太习惯。初学者要很快地写出它们会有困难,也容易出错。但是在专业人员编写的程序中,以上形式的使用比较常见,读者在阅读他人编写的程序时可能会遇到类似的用法,多了解一些肯定是有帮助的。

3. 其他类型

除了本章介绍的有关指针的数据类型外,还有以下几种类型。

(1) 指向一维数组的指针。如果有一个 3×4 的二维数组 a,如图 16.1 所示。可以认为二维数组 a 是由 3 个一维数组构成的,其中每个一维数组又是由 4 个数组元素组成的。可以定义一个指针变量 p 指向一维数组,那么,此指针变量就是指向一维数组的指针变量。如：

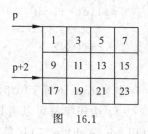

图 16.1

```
int (*p)[4];                //定义 p 指向包含 4 个整型元素的一维数组
```

如果开始时 p 指向二维数组的第 1 行(序号为 0 的一维数组),则 p+2 指向第 3 行(序号为 2 的一维数组,而不是指向第 1 行的第 3 个元素)。

(2) 指向函数的指针。系统为函数代码在内存中分配一段存储单元,其起始地址(又称入口地址)就是函数的指针。可以定义一个指向函数的指针变量,用来存放某一函数的入口地址,这个指针变量就指向该函数。可以通过该指针变量调用此函数。如：

```
int max(int,int);           //声明 max 函数,有两个整型参数
int (*p)(int,int);      //定义指向函数的指针变量 p,它可以指向返回值为 int 且有两个 int
                        参数的函数
```

```
p=max;                 //把 max 函数入口地址赋值给 p,使 p 指向 max 函数
c=(*p)(a,b);           //调用 p 指向的函数,用 a 和 b 作为实参,作用与"max(a,b);"相同
```

（3）返回指针的函数。函数的返回值可以是整型、字符型、实型的数据,也可以是其中一变量的地址,这种返回地址的函数称为返回指针的函数。比如,一个函数的首部为:

```
int * fun(int x, int y)
```

表示定义的函数名为 fun,返回值的类型为(int *),即返回一个基类型为 int 的指针。或者说,返回一个指向整型数据的指针(地址)。

（4）void 指针。不指向具体类型数据的指针,称指向空类型,以(void *)类型表示。如:

```
void * p;
```

表示 p 不指向任何类型的数据。ANSI 新标准把一些有关内存分配的函数返回值(是一个地址)确定为不指向任何具体的类型的数据,故返回值的类型以(void *)表示。如果需要用此地址指向某类型的数据,在将它赋值给另一个指针变量时,应先对地址进行类型转换。如:

```
int * p1;
void * p2;
⋮
p1=(int *)p2;          //把 p2 的类型强制转换为 int * 型,才能赋值给 p1
```

现在使用的一些 C 语言编译系统(包括 VC++ 6.0)可以自动进行以上类型的转换,而不必由编程者指定进行强制类型的转换。但建议读者仍按语法规定编写,这样比较规范、通用和安全。

（5）指向指针的指针。已经有一个指针变量 p1,如果把它的地址存放到另一个指针变量 p2 中,则 p2 指向指针变量 p1,这时 p2 就是指向指针变量的指针变量,简称为指向指针的指针。

如果有一个指针型数组 name 用来存放一些书名字符串的首地址(数组元素为指针型数据,各元素的值是地址),如果定义一个指针变量 p,指向某一元素,如图 16.2 所示,这时,p 就是指向指针变量的指针变量。数组名 name 是指针数组首元素的地址,它指向指针数组首元素,因此,数组名 name 是指向指针变量的指针。

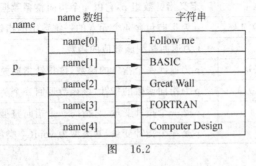

图　16.2

【例 16.1】　通过指向指针的指针引用字符串。

解题思路:定义指针数组 name,存放 5 本书的名字,定义 p 为指向指针变量的指针变量,改变 p 的值即可指向不同的字符串。

编写程序：

```c
#include <stdio.h>
int main()
{
  char * name[]={"Follow me","BASIC","Great Wall","FORTRAN","Computer Design"};
  char * * p;                    //定义 p 为指向指针变量的指针变量
  int i;
  for(i=0;i<5;i++)
  {
    p=name+i;                    //改变 p 的值即可指向不同的字符串
    printf("%s\n", * p);          //输出各字符串
  }
  return 0;
}
```

运行结果：

```
Follow me
BASIC
Great Wall
FORTRAN
Computer Design
```

4. 与指针有关数据定义内容的归纳比较

有关指针的变量、类型及含义如表 16.1 表示。为便于比较,我们把其他一些类型变量的定义也列在一起。

表　16.1

变　　量	类　　型	含　　义
int i;	int	定义整型变量 i
int * p;	int *	定义 p 为指向整型数据的指针变量
int a[5]	int [5]	定义整型数组 a,它有 5 个元素
int * p[4];	int *[4]	定义指针数组 p,它由 4 个指向整型数据的指针元素组成
int (* p)[4];	int(*)[4]	p 为指向包含 4 个元素的一维数组的指针变量
int f();	int ()	f 为返回整型函数值的函数
int * p();	int * ()	p 为返回一个指针的函数,该指针指向整型数据
int (* p)();	int (*)()	p 为指向函数的指针,该函数返回一个整型值
int **p;	int **	p 是一个指针变量,它指向一个指向整型数据的指针变量
void * p;	void *	p 是一个指针变量,基类型为 void(空类型),不指向具体的对象

第 17 章　对主教材第 8 章的补充与提高

1. 用结构体变量和结构体变量的指针作函数参数

在一个程序中,用户往往会根据需要定义一些函数,在 main 函数中先后调用这些函数实现所需的功能,这就会发生数据传递的情况。

可以将一个结构体变量的值传递给另一个函数,在被调用的函数中对结构体变量进行处理。把一个结构体变量的值传递给另一个函数有以下 3 种方法。

(1) 用结构体变量的成员作参数。例如,用 stu[1].num 或 stu[2].name 作函数实参,将实参值传给形参。用法和用普通变量作实参相同,属于"值传递"方式。应当注意实参与形参的类型一致。

(2) 用结构体变量作实参。用结构体变量作实参时,采取的也是"值传递"的方式,将结构体变量所占的内存单元的内容全部按顺序传递给形参,形参也必须是同类型的结构体变量。在函数调用期间形参也要占用内存单元。如果结构体的规模较大时,这种传递方式在空间和时间上开销较大。此外,由于采用值传递方式,如果在执行被调用函数期间改变了形参(结构体变量)的值,该值将不能返回主调函数,从而造成使用上的不便,因此一般较少使用这种方法。

(3) 用指向结构体变量(或数组元素)的指针作实参,将结构体变量(或结构体数组元素)的地址传给形参。

【例 17.1】 有 n 个结构体变量,内含学生学号、姓名和 3 门课程的成绩。要求输出平均成绩最高的学生信息(包括学号、姓名、3 门课程成绩和平均成绩)。

解题思路:将 n 个学生的数据表示为结构体数组(有 n 个元素)。按照功能函数化的思想,分别用 3 个函数来实现不同的功能。

(1) 用 input 函数输入数据和求各学生的平均成绩。

(2) 用 max 函数查找平均成绩最高的学生。

(3) 用 print 函数输出成绩最高学生的信息。

在主函数中先后调用这 3 个函数,用指向结构体变量的指针作实参,最后得到结果。

为简化操作,本程序只设 3 个学生($n=3$)。在输出时可以使用中文字符串,以方便阅读。

编写程序:

```
#include <stdio.h>
#define N 3                              //学生数为 3
```

```
struct Student                                  //声明结构体类型 struct Student
{
  int num;                                       //学号
  char name[20];                                 //姓名
  float score[3];                                //3 门课程成绩
  float aver;                                    //平均成绩
};

int main()
{
  void input(struct Student stu[]);              //函数声明
  struct Student max(struct Student stu[]);      //函数声明
  void print(struct Student stu);                //函数声明
  struct Student stu[N], * p=stu;                //定义结构体数组 stu 和指针 p
  input(p);                                      //调用 input 函数
  print(max(p));                                 //调用 print 函数,以 max 函数的返回值作实参
  return 0;
}

void input(struct Student stu[])                 //定义 input 函数
{
  int i;
  printf("请输入各学生的信息:学号、姓名、3 门课程成绩\n");
  for(i=0;i<N;i++)
  {
    scanf("%d %s %f %f %f",&stu[i].num,stu[i].name,&stu[i].score[0],&stu[i].
      score[1],&stu[i].score[2]);                //输入数据
    stu[i].aver=(stu[i].score[0]+stu[i].score[1]+stu[i].score[2])/3.0;
                                                 //求平均成绩
  }
}

struct Student max(struct Student stu[])         //定义 max 函数
{
  int i,m=0;                                     //用 m 存放成绩最高的学生在数组中的序号
  for(i=0;i<N;i++)
    if(stu[i].aver>stu[m].aver) m=i;             //找出平均成绩最高的学生在数组中的序号
  return stu[m];                                 //返回包含该学生信息的结构体元素
}

void print(struct Student stud)                  //定义 print 函数
{
  printf("\n 成绩最高的学生是以下同学。\n");
  printf("学号:%d\n 姓名:%s\n 3 门课程成绩:%5.1f,%5.1f,%5.1f\n 平均成绩:%6.2f\n",
```

```
        stud.num,stud.name,stud.score[0],stud.score[1],stud.score[2],stud.aver);
    }
```

运行结果：

请输入各学生的信息:学号、姓名、3 门课程成绩
10101 Li 78 89 98↙
10103 Wang 98.5 87 69↙
10106 Fan 88 76.5 89↙

成绩最高的学生是以下同学。
学号:10101
姓名:Li
3 门课程成绩:78.0, 89.0, 98.0
平均成绩:88.33

程序分析：

（1）结构体类型 struct Student 中包括 4 个成员：num（学号）、name（姓名）、数组 score（3 门课程成绩）和 aver（平均成绩）。在输入数据时只输入学号、姓名和 3 门课程成绩,未给 aver 成员赋值。aver 的值是在 input 函数中计算出来的。

（2）在主函数中定义了结构体 struct Student 类型的数组 stu 和指向 struct Student 类型数据的指针变量 p,使 p 指向 stu 数组的首元素 stu[0]。在调用 input 函数时,用指针变量 p 作为函数实参,input 函数的形参是 struct Student 类型的数组 stu(注意形参数组 stu 和主函数中的数组 stu 都是局部数据,虽然同名,但在调用函数前二者代表不同的对象,互相没有关系)。在调用 input 函数时,将主函数中的 stu 数组的首元素的地址传给形参数组 stu,使形参数组 stu 与主函数中的 stu 数组具有相同的地址,如图 17.1 所示。因此在 input 函数中向形参数组 stu 输入数据就等于向主函数中的 stu 数组输入数据。

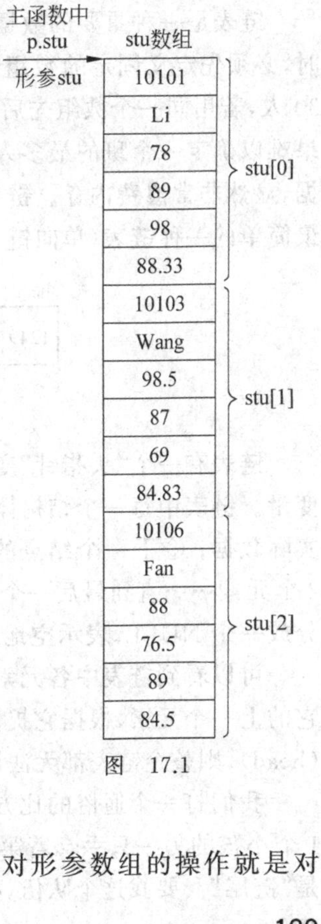

在使用 scanf 函数输入数据后,立即计算出该学生的平均成绩,stu[i].aver 代表序号为 i 的学生的平均成绩。请注意 for 循环体的范围。

input 函数无返回值,它的作用是给 stu 数组各元素赋予确定的值。

（3）在主函数中调用 print 函数,实参是 max(p)。其调用过程是先调用 max 函数(以指针变量 p 为实参),得到 max(p)的值(此值是一个 struct Student 类型的数据),然后用它为实参调用 print 函数。

现在先分析调用 max 函数的过程。指针变量 p 将主函数中的 stu 数组的首元素的地址传给形参数组 stu,使形参数组 stu 与主函数中的 stu 数组具有相同的地址。在 max 函数中对形参数组的操作就是对

图　17.1

主函数中的 stu 数组的操作。在 max 函数中,将每个人平均成绩与当前的"最高平均成绩"比较,将平均成绩最高的学生在数组 stu 中的序号存放在变量 m 中,通过 return 语句将 stu[m] 的值返回主函数。请注意,stu[m] 是一个结构体数组的元素。max 函数的类型为 struct Student 类型。

(4) 用 max(p) 的值(结构体数组的元素)作为实参调用 print 函数。print 函数的形参 stud 是 struct Student 类型的变量(而不是 struct Student 类型的数组)。在调用时进行虚实结合,把 stu[m] 的值(结构体元素)传递给形参 stud,这时传递的不是地址,而是结构体变量中的信息。在 print 函数中输出结构体变量中各成员的值。

(5) 以上 3 个函数的调用,情况各不相同。

- 调用 input 函数时,实参是指针变量 p,形参是结构体数组,传递的是结构体元素的地址,函数无返回值。
- 调用 max 函数时,实参是指针变量 p,形参是结构体数组,传递的是结构体元素的地址,函数的返回值是结构体类型数据。
- 调用 print 函数时,实参是结构体变量(结构体数组元素),形参是结构体变量,传递的是结构体变量中各成员的值,函数无返回值。

请读者仔细分析,掌握各种用法。

2. 用指针处理链表

(1) 链表

链表是一种重要的数据结构,它是动态地进行存储分配的一种结构。用数组存放数据时,必须先定义固定的数组长度(即元素个数)。如果有的班级有 100 人,而有的班级只有 30 人,若用同一个数组先后存放不同班级的学生数据,则必须定义长度为 100 的数组。如果难以确定一个班的最多人数,则必须把数组定得足够大,以便可以存放任何班级的学生数据,显然非常浪费内存。链表则没有这种缺点,它根据需要开辟内存单元。图 17.2 所示是最简单的一种链表(单向链表)的结构。

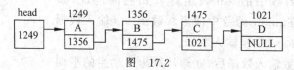

图 17.2

链表有一个"头指针"变量,图中以 head 表示,它存放一个地址,该地址指向一个结构体变量。链表中每一个结构体变量称为结点,每个结点都应包括两个部分:①用户需要用的实际数据;②下一个结点的地址。可以看出,head 指向第 1 个元素;第 1 个元素又指向第 2 个元素……直到最后一个元素不再指向其他元素,最后一个元素称为表尾,表尾的地址部分放一个 NULL,表示空地址,链表到此结束。

可以看到链表中各元素在内存中的地址可以是不连续的。要找某一元素,必须先找到它的上一个元素,根据它提供的下一个元素地址才能找到下一个元素。如果不提供头指针(head),则整个链表都无法访问。链表如同一条铁链一样,一环扣一环,中间不能断开。

我们打一个通俗的比方:幼儿园的教师带孩子出来散步,教师牵着第 1 个小孩的手,第 1 个小孩的另一只手牵着第 2 个孩子……这就是一个"链",最后一个孩子有一只手空着,他是"链尾"。要找这个队伍,必须先找到教师,然后顺序找到每一个孩子。

　　显然,链表这种数据结构必须利用指针变量才能实现,即一个结点中应包含一个指针变量,用它存放下一个结点的地址。

　　前面介绍的结构体变量建立链表是最合适的。一个结构体变量包含若干成员,这些成员可以是数值类型、字符类型、数组类型,也可以是指针类型。我们用指针类型成员存放下一个结点的地址。例如,可以设计这样一个结构体类型:

```
struct Student
{
    int num;
    float score;
    struct Student * next;                    //next 是指针变量,指向结构体变量
};
```

其中成员 num 和 score 用来存放结点中的有用数据(用户需要用到的数据),相当于图 17.2 结点中的 A、B、C、D。next 是指针类型的成员,它指向 struct Student 类型数据(即 next 所在的结构体类型)。一个指针类型的成员既可以指向其他类型的结构体数据,也可以指向自己所在的结构体类型的数据。现在,next 是 struct Student 类型中的一个成员,它又指向 struct Student 类型的数据。用这种方法就可以建立链表,如图 17.3 所示。

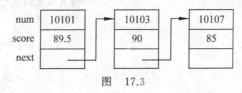

图　17.3

　　图 17.3 中每一个结点都属于 struct Student 类型,它的成员 next 用来存放下一个结点的地址,程序设计人员可以不必知道各个结点的具体地址,只要保证将下一个结点的地址放到前一个结点的成员 next 中即可。

　　注意:上面只是定义了一个 struct Student 类型,并未实际分配存储空间,只有定义了变量才分配存储单元。

　　(2) 建立简单的静态链表

　　下面通过一个例子来说明怎样建立和输出一个简单链表。

　　【例 17.2】　建立一个如图 17.3 所示的简单链表,它由 3 个学生数据的结点组成,要求输出各个结点中的数据。

　　解题思路:声明一个结构体类型,其成员包括 num(学号)、score(成绩)、next(指针变量)。将第 1 个结点的起始地址赋给头指针 head,将第 2 个结点的起始地址赋给第 1 个结点的 next 成员,将第 3 个结点的起始地址赋给第 2 个结点的 next 成员,第 3 个结点的 next 成员赋予 NULL 形成链表。

　　编写程序:

```
#include <stdio.h>
struct Student                            //声明结构体类型 struct Student
{
    int num;
```

191

```
    float score;
    struct Student * next;
};
int main()
{
    struct Student a,b,c, * head, * p;       //定义 3 个结构体变量 a、b、c 作为链表的结点
    a.num=10101; a.score=89.5;                //对结点 a 的 num 和 score 成员赋值
    b.num=10103; b.score=90;                  //对结点 b 的 num 和 score 成员赋值
    c.num=10107; c.score=85;                  //对结点 c 的 num 和 score 成员赋值
    head=&a;                                  //将结点 a 的起始地址赋给头指针 head
    a.next=&b;                                //将结点 b 的起始地址赋给 a 结点的 next 成员
    b.next=&c;                                //将结点 c 的起始地址赋给 a 结点的 next 成员
    c.next=NULL;                              //c 结点的 next 成员不存放其他结点地址
    p=head;                                   //使 p 也指向 a 结点
    do
    {
      printf("%d %5.1f\n",p->num,p->score);//输出 p 指向的结点的数据
      p-p->next;                              //使 p 指向下一个结点
    }while(p!=NULL);                          //输出完 c 结点后 p 的值为 NULL,循环终止
    return 0;
}
```

运行结果：

输出 3 个结点中的数据：
10101   89.5
10103   90.5
10107   85.0

程序分析：请读者思考以下问题。

①各个结点是怎样构成链表的？②可否没有头指针 head？③p 起什么作用？没有它是否可以？

使 head 指向 a 结点,而 a 结点中的 a.next 又指向 b 结点,b.next 又指向 c 结点,这就构成了链表关系。c.next＝NULL 的作用是使 c.next 不指向任何有用的存储单元。

在输出链表时要借助 p,先使 p 指向 a 结点,然后输出 a 结点中的数据,p＝p－＞next 为输出下一个结点做准备。p－＞next 的值是 b 结点的地址,因此执行 p＝p－＞next 后 p 就指向 b 结点,所以在下一次循环时输出的就是 b 结点中的数据。

本例比较简单,所有结点都是在程序中定义的,不是临时开辟的,也不能用完后释放,这种链表称为"静态链表"。

（3）建立动态链表

所谓建立动态链表,是指在程序执行过程中从无到有地建立起一个链表,即一个一个地开辟结点和输入各结点数据,并建立起前后相连的关系。

【例 17.3】 编写一个函数,建立一个有 3 名学生数据的单向动态链表。

解题思路：先考虑实现此要求的算法(见图 17.4)。在用程序处理时需要用到动态内存

分配的知识和有关函数（malloc、calloc、realloc、free 函数）。

定义 head、p1 和 p2 3 个指针变量，都用来指向 struct Student 类型数据。先开辟第 1 个结点，并使 p1 和 p2 指向它，然后从键盘读入一个学生的数据给 p1 所指的第 1 个结点。我们约定学号不为 0，如果输入的学号为 0，则表示建立链表的过程完成，该结点不应连接到链表中。先使 head 的值为 NULL（即等于 0），表示链表为"空"（即 head 不指向任何结点，即链表中无结点），当建立第 1 个结点就使 head 指向该结点。

如果输入的 p1->num≠0，则输入的是第 1 个结点数据（n=1）。令 head=p1，即把 p1 的值赋给 head，也就是使 head 也指向新开辟的结点（图 17.5），p1 所指向的新开辟的结点就成为链表中的第 1 个结点。然后再开辟另一个结点并使 p1 指向它，接着输入该结点的数据（见图 17.6(a)）。

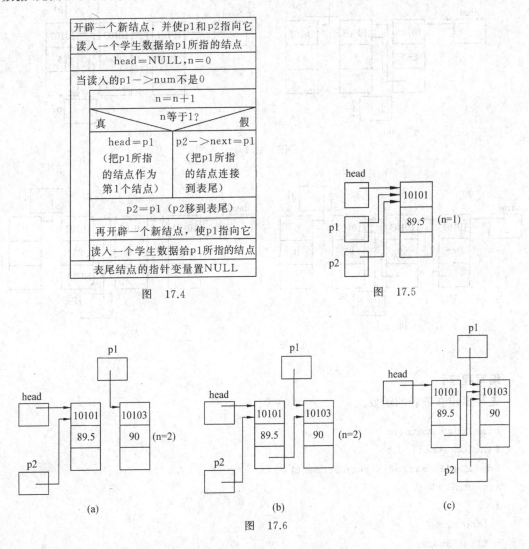

图　17.4

图　17.5

(a)　　　　　　　(b)　　　　　　　(c)

图　17.6

如果输入的 p1->num≠0，则应连接到第 2 个结点（n=2），由于 n≠1，则将 p1 的值赋给 p2->next，此时 p2 指向第 1 个结点，因此执行 p2->next=p1 就将新结点的地址赋给第 1 个结点的 next 成员，使第 1 个结点的 next 成员指向第 2 个结点（见图 17.6(b)）。接着使 p2＝p1，也就是使 p2 指向刚才建立的结点，如图 17.6(c)所示。

接着再开辟一个结点并使 p1 指向它，再输入该结点的数据(见图 17.7(a))。在第 3 次循环中，由于 n=3(n≠1)，又将 p1 的值赋给 p2－＞next，也就是将第 3 个结点连接到第 2 个结点之后，并使 p2＝p1，使 p2 指向最后一个结点，如图 17.7(b)所示。

再开辟一个新结点，并使 p1 指向它，输入该结点的数据(见图 17.8(a))。由于 p1－＞num 的值为 0，不再执行循环，此新结点不应被连接到链表中。此时将 NULL 值赋给 p2－＞next，如图 17.8(b)所示。建立链表过程至此结束，p1 最后所指的结点未连接到链表中，第 3 个结点的 next 成员的值为 NULL，它不指向任何结点。虽然 p1 指向新开辟的结点，但从链表中无法找到该结点。

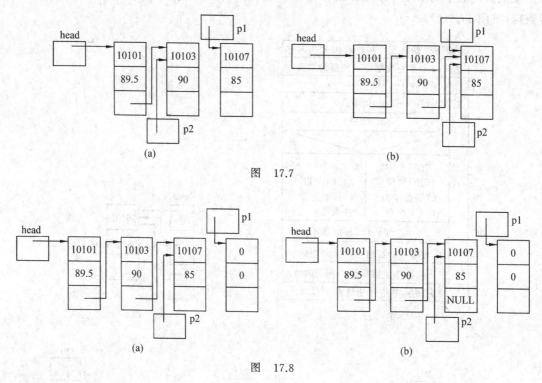

图　17.7

图　17.8

编写程序：
先写出建立链表的函数。

```c
#include <stdio.h>
#include <malloc.h>
#define LEN sizeof(struct Student)
struct Student
{
    long num;
    float score;
    struct Student * next;
};
int n;                          //n 为全局变量，本文件模块中各函数均可使用它
```

```
struct Student * creat(void)                    //定义函数,此函数返回一个指向链表头的指针
{
  struct Student * head;
  struct Student * p1, * p2;
  n=0;
  p1=p2=(struct Student * ) malloc(LEN);  //用 malloc 函数开辟一个长度为 LEN 的新单元
  scanf("%ld,%f",&p1->num,&p1->score);    //输入第 1 个学生的学号和成绩
  head=NULL;
  while(p1->num!=0)
  {
    n=n+1;
    if(n==1) head=p1;
    else p2->next=p1;
    p2=p1;
    p1=(struct Student * )malloc(LEN);        //开辟动态存储区,把起始地址赋给 p1
    scanf("%ld,%f",&p1->num,&p1->score);  //输入其他学生的学号和成绩
  }
  p2->next=NULL;
  return(head);
}
```

可以写一个 main 函数,调用这个 creat 函数:

```
int main()
{
  struct Student * pt;
  pt=creat();                                 //建立了一个链表,返回链表第 1 个结点的地址
  printf("\nNum:%ld\nscore:%5.1f\n",pt->num,pt->score);
                                              //输出第 1 个结点的成员值
  return 0;
};
```

运行结果：

```
1001,67.5↙
1003,87↙
1004,99.5↙
0,0↙

Num:1001
Score:67.5
```

程序分析：

① 调用 creat 函数后,先后输入所有学生的数据,若输入"0,0",表示结束。函数的返回值是所建立的链表的第 1 个结点的地址(请查看 return 语句),在主函数中把它赋值给指针变量 pt。为了验证各结点中的数据,在 main 函数中输出了第 1 个结点中的信息。

② 第 3 行令 LEN 代表 struct Student 类型数据的长度,sizeof 是求字节数运算符。

③ 第 11 行定义一个 creat 函数，它是指针类型，即此函数带回一个指针值，它指向一个 struct Student 类型数据。实际上，此 creat 函数带回一个链表起始地址。

④ 第 16 行中 malloc(LEN)函数的作用是开辟一个长度为 LEN 的内存区(malloc 函数见主教材附录 E)。LEN 已定义为 sizeof(struct Student)，即结构体 struct Student 的长度。malloc 带回的是不指向任何类型数据的指针(void * 类型)。而 p1、p2 是指向 struct Student 类型数据的指针变量，可以用强制类型转换的方法使指针的基类型改变为 struct Student 类型。malloc(LEN)之前的(struct Student *)的作用是使 malloc 返回的指针转换为 struct Student 类型数据的指针。注意括号中的"＊"不可省略，否则就转换成 struct Student 类型，而不是指针类型了。由于编译系统能实现隐式的类型转换，因此第 16 行也可以直接写为：

```
p1=p2=malloc(LEN);
```

由于程序中使用了 malloc 函数，因此在文件开头要使用预处理指令：

```
#include <malloc.h>
```

⑤ creat 函数最后一行 return 后面的参数是 head(head 已定义为指针变量，指向 struct Student 类型数据)，因此函数返回的是 head 的值，也就是链表中第 1 个结点的起始地址。

⑥ nn 是结点个数。

⑦ 这个算法的思路是让 p1 指向新开辟的结点，p2 指向链表中最后一个结点。把 p1 所指的结点连接在 p2 所指的结点后面，用"p2—>next＝p1"实现。

以上对建立链表过程做了比较详细的介绍，读者如果对建立链表的过程比较清楚，对链表的其他操作过程(如链表的输出、结点的删除和结点的插入等)也就比较容易理解了。

（4）输出链表

将链表中各结点的数据依次输出，这个问题比较容易处理。

【例 17.4】 编写一个输出链表的函数 print。

解题思路：从例 17.2 已经可以初步了解输出链表的方法。首先需要知道链表第 1 个结点的地址，也就是要知道 head 的值，然后设置一个指针变量 p，先指向第 1 个结点，输出 p 所指的结点，再使 p 后移一个结点并输出，直到链表的尾结点。

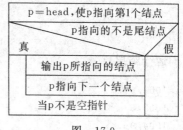

图 17.9

根据上面的思路，写出 N-S 流程图，如图 17.9 所示。

编写程序：

根据流程图写出以下函数。

```
void print(struct Student * head)        //定义 print 函数
{
    struct Student * p;                  //在函数中定义 struct Student 类型的变量 p
    printf("\nNow,These %d records are:\n",n);
    p=head;                              //使 p 指向第 1 个结点
    if(head!=NULL)                       //若不是空表
    do
```

```
    {
        printf("%ld %5.1f\n",p->num,p->score);   //输出一个结点中的学号与成绩
        p=p->next;                               //p 指向下一个结点
    }while(p!=NULL);                             //当 p 不是"空地址"时
}
```

程序分析：print 函数的操作过程可用图 17.10 表示。头指针 head 从实参接收了链表的第 1 个结点的起始地址，把它赋给 p，于是 p 指向第 1 个结点，输出 p 指向的结点的数据，然后执行"p＝p－＞next;"。p－＞next 是 p 指向的结点中的 next 成员，即第 1 个结点中的 next 成员，p－＞next 中存放了第 2 个结点的地址。执行"p＝p－＞next;"后，p 就指向第 2 个结点，p 移到图中 p'虚线的位置(指向第 2 个结点)。"p＝p－＞next;"的作用是将 p 原来所指向的结点中 next 的值赋给 p，使 p 指向下一个结点。

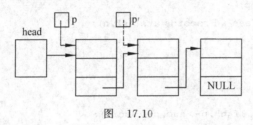

图　17.10

print 函数从 head 所指的第 1 个结点出发顺序输出各个结点。

可以把例 17.3 和例 17.4 合起来加上一个主函数，组成一个程序，即：

```c
#include <stdio.h>
#include <malloc.h>
#define LEN sizeof(struct Student)
struct Student
{
    int num;
    float score;
    struct Student * next;
};
int n;

struct Student * creat()            //建立链表的函数
{
    struct Student * head;
    struct Student * p1, * p2;
    n=0;
    p1=p2=(struct Student *) malloc(LEN);
    scanf("%ld,%f",&p1->num,&p1->score);
    head=NULL;
    while(p1->num!=0)
    {
        n=n+1;
```

```
    if(n==1) head=p1;
    else p2->next=p1;
    p2=p1;
    p1=(struct Student *)malloc(LEN);
    scanf("%d,%f",&p1->num,&p1->score);
  }
  p2->next=NULL;
  return(head);
}

void print(struct Student head)        //输出链表的函数
{
  struct Student *p;
  printf("\nNow,these %d records are:\n",n);
  p=head;
  if(head!=NULL)
  do
  {
    printf("%ld %5.1f\n",p->num,p->score);
    p=p->next;
  }while(p!=NULL);
}

int main()
{
  struct Student *head;
  head=creat();                        //调用 creat 函数,返回第 1 个结点的起始地址
  print(head);                         //调用 print 函数
  return 0;
}
```

运行结果：

1001,67.5↙
1003,87↙
1005,99↙
0,0↙

Now,these %d records are:
1001 67.5
1002 87.0
1005 99.0

说明：链表是比较复杂的内容,对初学者有一定难度,但这是计算机专业人员应该掌握的。对于非专业的初学者,对此有一定了解即可,可在以后用到时再进一步学习。

对链表中结点的删除和结点的插入等操作在此不作详细介绍,如读者有需要或感兴趣,

可以自己完成。如果希望详细了解,可参考作者所著《C 程序设计(第 5 版)学习辅导》中的习题解答(第 9 章第 7~12 题),其中给出了全部的程序和说明。

结构体和指针的应用领域很宽泛,除了单向链表之外,还有环形链表和双向链表。此外,还有队列、树、栈、图等数据结构。有关这些问题的算法可以学习"数据结构"课程,在此不作详述。

3. 使用枚举类型

除了结构体类型外,用户还可以自己建立枚举类型。

(1) 枚举和枚举变量

"枚举"就是一一列举。常说的"不胜枚举"就是指因数量太多无法一一列举。以前介绍过整型或实型数据,请问总共有多少个整数或实数? 它是"不胜枚举"的。我们日常生活中遇到的许多对象,其值是有限的,可以一一列举。例如,用来表示星期几的 Sunday、Monday、Tuesday、Wednesday、Thursday、Friday、Saturday 就是可以枚举的。

如果一个变量只有有限的可能的值,在 C 语言程序中可以定义为枚举(enumeration)类型,把可能的值一一列举出来,变量的值只限于列举出来的值的范围内。

声明枚举类型用 enum 开头。例如:

```
enum Weekday{sun,mon,tue,wed,thu,fri,sat};
```

以上声明了一个枚举类型 enum Weekday,然后可以用此类型定义变量。例如:

```
enum Weekday  workday,weekend;
```

　　　　　　枚举类型　　枚举变量

workday 和 weekend 被定义为枚举变量,上面花括号中的"sun,mon,…,sat"被称为枚举元素或枚举常量,它们是用户指定的名字。枚举变量和其他数值型变量不同,它们的值只限于花括号中指定的值之一。例如,枚举变量 workday 和 weekend 的值只能是 sun~sat 之一。分析下面的赋值语句:

```
workday=mon;                    //正确,mon 是指定的枚举常量之一
weekend=sun;                    //正确,sun 是指定的枚举常量之一
weekday=monday;                 //不正确,monday 不是指定的枚举常量之一
```

枚举常量是由程序设计者命名的,用什么名字及代表什么含义,完全由程序员根据自己的需要设定,并在程序中做相应处理。

也可以不声明有名字的枚举类型,而直接定义枚举变量。例如:

```
enum{sun,mon,tue,wed,thu,fri,sat} workday,weekend;
```

声明枚举类型的一般形式为

```
enum [枚举名] {枚举元素列表};
```

其中枚举名应遵循标识符的命名规则,上面的 Weekday 就是合法的枚举名。

说明:

① C 语言编译对枚举类型的枚举元素按常量处理,故称枚举常量。不要因为它们是标

识符(有名字)而把它们看作变量,所以不能对它们赋值。例如:

```
sun=0; mon=1;                          //错误,不能对枚举元素赋值
```

② 每一个枚举元素都代表一个整数。C语言编译系统按定义枚举类型时枚举元素的顺序,默认它们的值为"0,1,2,3,4,5,…"。在上面的定义中,sun 的值为 0,mon 的值为 1,……,sat 的值为 6。如果有赋值语句:

```
workday=mon;
```

相当于

```
workday=1;
```

枚举常量是可以引用和输出的。例如:

```
printf("%d",workday);
```

将输出整数 1。

也可以人为地指定枚举元素的数值,在声明枚举类型时显式地指定。例如:

```
enum Weekday{sun=7,mon=1,tue,wed,thu,fri,sat}workday,week_end;
```

指定枚举常量 sun 的值为 7,mon 的值为 1。以后顺序加 1,sat 的值为 6。

可以看到:枚举类型是一个被命名的整型常数的集合。

提示:由于枚举型变量的值是整数,因此 C99 把枚举类型也作为整型数据中的一种,即用户自行定义的整数类型。

③ 枚举元素可以用来做判断比较。例如:

```
if(workday==mon)...
if(workday>sun)...
```

枚举元素的比较规则是按其在初始化时指定的整数进行比较的。如果定义时未人为指定,则按上面的默认规则处理,即第 1 个枚举元素的值为 0,故 mon>sun,sat>fri。

(2) 枚举类型数据应用举例

通过下面的例子可以了解怎样使用枚举型数据。

【例 17.5】 口袋中有红、黄、蓝、白、黑 5 种颜色的球若干,每次从口袋中先后取出 3 个球,请问 3 种不同颜色的球的排列有多少种? 请输出每种排列的情况。

解题思路:

① 球只能是 5 种颜色之一,可以采用枚举类型处理。

② 对于枚举类型数据,由于它们的数目是有限的,最简单的方法就是用"穷举"算法。对本题而言就是把每一种可能的排列都找出来,然后检查其中哪些是符合题目要求的(3 个球颜色不同,且排列与其他不同)。

设某次取出的 3 个球的颜色分别为 i、j、k,i、j、k 分别是 5 种颜色之一。题目要求 3 个球颜色各不相同,即 i≠j,i≠k,j≠k。如果符合此条件,就输出此时 i、j、k 的值,显示出它们的颜色。

N-S 流程图如图 17.11 所示。

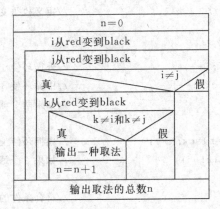

图　17.11

用 n 累计得到 3 种不同色球的次数。外循环使第 1 个球的颜色 i 从 red 变到 black。中循环使第 2 个球的颜色 j 也从 red 变到 black。如果 i 和 j 同色,则显然不符合条件;只有 i 和 j 不同色(i≠j)时才需要继续找第 3 个球,此时第 3 个球的颜色 k 也有 5 种可能,但要求第 3 个球不能与第 1 个球或第 2 个球同色,即 k≠i,k≠j,满足此条件就得到了 3 种不同颜色的球。输出这种 3 色排列的方案,然后使 n 加 1,表示又得到一次 3 个球不同色的排列。外循环全部执行完后,全部方案就已输出完了。最后输出符合条件的总数 n。

③ 要实现图 17.11 中的"输出一种取法"会遇到一个问题:如何输出"red,black…"等颜色的单词? 不能写成"printf("%s",red);"来输出"red"字符串,可以采用图 17.12 的方法。

loop由1到3				
loop的值				
1		2		3
i⇒pri		j⇒pri		k⇒pri
pri的值				
red	yellow	blue	white	black
输出 "red"	输出 "yellow"	输出 "blue"	输出 "white"	输出 "black"

图　17.12

为了输出 3 个球的颜色,显然应经过 3 次循环,第 1 次输出 i 的颜色,第 2 次输出 j 的颜色,第 3 次输出 k 的颜色。在 3 次循环中先后将 i、j、k 赋予 pri,然后根据 pri 的值输出颜色信息。在第 1 次循环时,pri 的值为 i。如果 i 的值为 red,则输出字符串"red",依此类推。

编写程序:

```
#include <stdio.h>
int main()
{
    enum Color{red,yellow,blue,white,black};   //声明枚举类型 enum Color
```

201

```
    enum Color i,j,k,pri;                        //定义枚举变量 i、j、k、pri
    int n,loop;
    n=0;
    for(i=red;i<=black;i++)                      //外循环使 i 的值从 red 变到 black
      for(j=red;j<=black;j++)                    //中循环使 j 的值从 red 变到 black
        if(i!=j)                                 //如果两个球不同色
        {
          for(k=red;k<=black;k++)                //内循环使 k 的值从 red 变到 black
            if((k!=i)&&(k!=j))                   //如果 3 个球不同色
            {
              n=n+1;                             //符合条件的次数加 1
              printf("%-4d",n);                  //输出当前是第几个符合条件的组合
              for(loop=1;loop<=3;loop++)         //先后对 3 个球分别处理
              {
                switch (loop)          //loop 的值从 1 变到 3
                {
                case 1:pri=i;break;    //loop 的值为 1 时,把第 1 个球的颜色赋给 pri
                case 2:pri=j;break;    //loop 的值为 2 时,把第 2 个球的颜色赋给 pri
                case 3:pri=k;break;    //loop 的值为 3 时,把第 3 个球的颜色赋给 pri
                default:break;
                }
                switch (pri)           //根据球的颜色输出相应的文字
                {
                case red:printf("%-10s","red"); break;
                                       //pri 的值等于枚举常量 red 时输出"red"
                case yellow:printf("%-10s","yellow"); break;
                                       //pri 的值等于枚举常量 yellow 时输出"yellow"
                case blue:printf("%-10s","blue"); break;
                                       //pri 的值等于枚举常量 blue 时输出"blue"
                case white:printf("%-10s","white"); break;
                                       //pri 的值等于枚举常量 white 时输出"white"
                case black:printf("%-10s","black"); break;
                                       //pri 的值等于枚举常量 black 时输出"black"
                default :break;
                }
              }
              printf("\n");
            }
        }
    printf("\nTotal:%5d\n",n);
    return 0;
}
```

运行结果：

```
1    red     yellow   blue
2    red     yellow   white
3    red     yellow   black
4    red     blue     yellow
5    red     blue     white
6    red     blue     black
⋮    ⋮       ⋮        ⋮
54   black   yellow   white
55   black   blue     red
56   black   blue     yellow
57   black   blue     white
58   black   white    red
59   black   white    yellow
60   black   white    blue


Total:   60
```

程序分析：在程序各行的注释中已说明了各语句的作用，请仔细分析。明确在输出时怎样输出"red、yellow…"等文字。要注意输出的字符串"red"与枚举常量 red 并无内在联系，输出 red 等字符是人为指定的。

枚举常量的命名是为了让人易于理解，并不代表什么含义。例如，不会因为命名为 red，就一定代表红色。用什么标识符代表什么含义，完全由程序设计者决定，以便于理解为原则。

有人说，不用枚举常量而用常数 0 代表红色，1 代表黄色……不也可以吗？是的，完全可以。但显然用枚举变量（red、yellow 等）更直观，因为枚举元素都选用了令人"见名知意"的名字。此外，枚举变量的值限制在定义时规定的几个枚举元素范围内，如果赋予它一个其他的值，就会出现错误信息。

第18章 对主教材第9章的补充与提高

1. 系统定义的文件指针

在标准输入/输出库中，系统定义了 3 个 FILE 型的指针变量。

- stdin(标准输入文件指针)：指向在内存中与键盘相应的文件信息区，因此，用它进行输入就包括了从键盘输入。
- stdout(标准输出文件指针)：指向在内存中与显示器屏幕相应的文件信息区，因此，用它进行输出就包括了输出到显示器屏幕。
- stderr(标准出错输出文件指针)：用来输出出错信息，指向在内存中与显示器屏幕相应的文件信息区，因此，在程序运行时的出错信息就输出到显示器屏幕上。

这 3 个 FILE 型的指针变量称为标准文件指针，有时简称为标准文件。它们是在 stdio.h 头文件中定义的，因此在使用键盘输入和屏幕输出时用户不必自己定义相应的文件指针。

按规定，在程序中所有用到的文件必须先打开才能使用，但是为什么在对终端(显示器、打印机等)输入/输出时程序中并没有打开相应的文件呢？原因是为了方便用户，系统在程序开始运行时自动打开了标准输入 stdin、标准输出 stdout、标准出错输出 stderr 3 个标准文件，因此用户就不需要自己打开终端文件了。

2. 文件的位置标记

对文件进行顺序读/写比较容易理解，也容易操作，但有时效率不高，例如文件中有 1000 个数据，若只访问第 1000 个数据，必须先逐个读入前面的 999 个数据，才能读入第 1000 个数据。如果文件中存放一个城市几百万人的资料，若按此方法查找某一人的情况，等待的时间是令人无法忍受的。

随机访问不是按数据在文件中的物理位置顺序进行读/写，而是可以对任何位置上的数据进行访问，显然这种方法比顺序访问效率高得多。

(1) 文件位置标记

为了对读/写进行控制，系统为每个文件设置了一个文件读/写位置标记(简称文件位置标记或文件标记)，用来指示当前的读/写位置。

在开始对字符文件进行顺序读/写时，文件位置标记指向文件开头，这时如果对文件进行读的操作，就读第一个字符，然后文件位置标记顺序向后移一个位置，在下一次执行读的操作时，就将位置标记指向第二个字符读入。依此类推，直到遇到文件尾结束，如图 18.1 所示。

图　18.1

注意：为了使读者便于理解,有的教材把指示文件读/写的位置标记形象地称为"文件位置指针"(或"文件指针"),认为在文件中有一个看不见的指针在移动,它指向文件中下一个被读/写的字节。但是这里说的指针和 C 语言中的"指针"所表示的概念是完全不同的,容易引起混淆,如有的读者常把"文件位置指针"和"指向文件的指针"(FILE 指针)相混淆。从概念上说,变量的指针就是变量在内存中存储单元的地址,而文件是存储在外部介质上的,不存在内存地址。因此作者认为指示文件读/写位置不宜称为"指针",应改称为"文件位置标记"更为确切。

如果是顺序写文件,则每写完一个数据后,文件位置标记顺序向后移一个位置,然后在下一次执行写操作时把数据写入文件位置标记当前所指的位置,直到把全部数据写完,此时文件位置标记在最后一个数据之后。

可以根据读/写的需要,人为地移动文件位置标记的位置。文件位置标记可以向前移、向后移、移到文件头或文件尾,然后对该位置进行读/写,显然这就不是顺序读/写了,而是随机读/写。

对流式文件既可以进行顺序读/写,也可以进行随机读/写,关键在于控制文件位置标记。如果文件位置标记是按字节位置顺序移动的,就是顺序读/写;如果能将文件位置标记按需要移动到任意位置,就可以实现随机读/写。所谓随机读/写,是指读/写完上一个字符(字节)后,并不一定要读/写其后续的字符(字节),而是可以读/写文件中任意位置上的字符(字节)。也就是说,对文件读/写数据的顺序和数据在文件中的物理顺序是不一样的,可以在任何位置写入数据,在任何位置读取数据。

(2) 文件位置标记的定位

强制使文件位置标记指向需要的位置,可以用以下函数实现。

① 用 rewind 函数使文件位置标记指向文件头。rewind 函数的作用是使文件位置标记重新返回文件的开头,此函数没有返回值。

【例 18.1】　有一个磁盘文件,第 1 次将它的内容显示在屏幕上,第 2 次把它复制到另一文件上。

解题思路：分别实现以上两个任务并不困难,但是把二者一起完成就会出现问题,因为在第 1 次读入文件内容后,文件位置标记已指到文件的末尾,如果继续读数据,会读到文件尾标志,此时文件结束函数 feof 的值为真,已无数据可读。所以必须在程序中用 rewind 函数使文件位置标记返回到文件的开头。

编写程序：

```
#include <stdio.h>
int main()
{
    FILE * fp1, * fp2;
```

205

```
fp1=fopen("file1.dat","r");      //打开输入文件
fp2=fopen("file2.dat","w");      //打开输出文件
while(!feof(fp1))                 //如果未读入文件尾标记
  putchar(fgetc(fp1));            //连续从 file1 读入字符并输出到屏幕
putchar(10);                      //输出一个换行符
rewind(fp1);                      //使文件位置标记返回文件头
while(!feof(fp1))
  fputc(fgetc(fp1),fp2);          //从 file1 的文件头重新逐个读入字符,输出到 file2 文件
fclose(fp1);fclose(fp2);          //关闭文件
return 0;
}
```

程序分析：第一次从 file1.dat 文件逐个字节读入内存,并显示在屏幕上。在读完全部数据后,文件 file1.dat 的文件位置标记已指到文件末尾,feof(fp1) 的值为真,!feof(fp1) 的值为假(0),while 循环结束。执行 rewind 函数,使文件 file1 的文件位置标记重新定位到文件开头,同时 feof 函数的值恢复为 0(假)。

为简化程序,在打开文件时未做"是否打开成功"的检查。

② 用 fseek 函数移动文件位置标记。用 fseek 函数可以改变文件位置标记的位置。

调用 fseek 函数的一般形式为

fseek(文件类型指针,位移量,起始点)

使用时,"起始点"用 0、1 或 2 代替,其中,0 为文件开始,1 为当前位置,2 为文件末尾。C 语言标准指定的名字如表 18.1 所示。

表　18.1

起始点	名　字	数字代表
文件开始	SEEK_SET	0
文件位置标记当前位置	SEEK_CUR	1
文件末尾	SEEK_END	2

位移量是指以起始点为基点向前移动的字节数。C 语言标准要求位移量是 long 型数据(在数字的末尾加一个字母 L 表示是 long 型数据)。

fseek 函数用于二进制文件。

下面是 fseek 函数调用的几个例子。

```
fseek(fp,100L,0);      //将文件位置标记移到离文件头 100 个字节处
fseek(fp,50L,1);       //将文件位置标记移到离当前位置后面 50 个字节处
fseek(fp,-100L,2);     //将文件位置标记从文件末尾处向后退 100 个字节
```

③ 用 fseel 函数测定文件位置标记的当前位置。fseel 函数的作用是得到流式文件位置标记的当前位置。由于文件位置标记经常移动,往往不容易知道其当前位置,所以常用 fseel 函数得到当前位置,并用相对于文件开头的位移量来表示。如果 fseel 函数返回值为 -1L,表示出错。

3. 随机读/写文件

有了 rewind 和 fseek 函数，就可以实现随机读/写了。通过下面简单的例子可以了解怎样进行随机读/写。

【例 18.2】 在磁盘文件 stu_dat 上已存有 10 个学生的数据（stu_dat 是执行主教材例 9.1 程序时建立的数据文件）。要求将该文件中的第 1、3、5、7、9 个学生的数据输入计算机，并在屏幕上显示出来。

解题思路：

(1) 按"二进制只读"的方式打开指定的磁盘文件，准备从磁盘文件中读取学生数据。

(2) 将文件位置标记指向文件的开头，然后从磁盘文件中读入第 1 个学生的信息，并把它显示在屏幕上。

(3) 将文件位置标记指向文件中第 3、5、7、9 个学生的数据区的开头，从磁盘文件中读入相应学生的信息，并把它显示在屏幕上。

(4) 关闭文件。

编写程序：

```c
#include <stdlib.h>
#include <stdio.h>
struct Student_type                                    //学生数据类型
{
  char name[10];
  int num;
  int age;
  char addr[15];
}stud[10];

int main()
{
  int i;
  FILE * fp;
  if((fp=fopen("stu_dat","rb"))==NULL)                 //以只读方式打开二进制文件
  {
    printf("Can not open file\n");
    exit(0);
  }
  for(i=0;i<10;i+=2)
  {
    fseek(fp,i * sizeof(struct Student_type),0);       //移动文件位置标记
    fread(&stud[i], sizeof(struct Student_type),1,fp); //读一个数据块到结构体变量
    printf("%-10s %4d %4d %-15s\n",stud[i].name,stud[i].num,stud[i].age,
      stud[i].addr);                                   //屏幕输出
  }
  fclose(fp);
  return 0;;
}
```

运行结果：

```
Zhang   1001   19   room_101
Tan     1003   21   room_103
Li      1006   22   room_105
Zhen    1008   16   room_107
Qin     1012   19   room_109
```

程序分析：在 fseek 函数中指定"起始点"为 0，即以文件开头为参照点。位移量为 i * sizeof(struct Student_type)，sizeof(struct Student_type)是 struct Student_type 类型变量的长度（字节数），i 初值为 0，因此第 1 次执行 fread 函数时，读入长度为 sizeof(struct Student_type)的数据，即第 1 个学生的信息，把它存放在结构体数组的元素 stud[0]中，然后在屏幕上输出该学生的信息。在第 2 次执行时，i 增值为 2，文件位置标记的移动量是 struct Student_type 类型变量的长度的 2 倍，即跳过一个结构体变量，移到第 3 个学生的数据区的开头，再用 fread 函数读入一个结构体变量，即第 3 个学生的信息，存放在结构体数组的元素 stud[2]中，并输出到屏幕。如此继续下去，每次文件位置标记的移动量是结构体变量长度的 2 倍，这样就读取了第 1、3、5、7、9 个学生的信息。

需要注意的是，在磁盘中应当已经存在所指定的文件 stu_dat，并且在该文件中存在这些学生的信息，否则会出错。

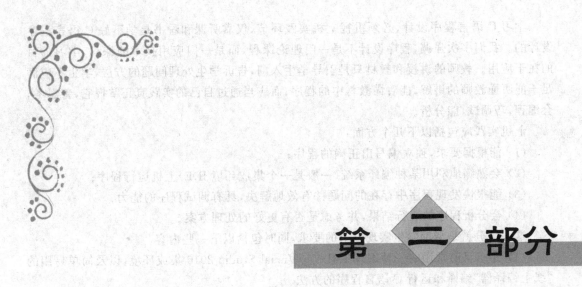

第 三 部分

上机实践指南

学习C语言程序设计,必须重视上机实践环节,仅靠听课和看书是学不好C语言程序设计的。我们多次强调,程序设计不是一门理论课程,而是一门应用技术的课程,学习的目的在于应用。教师的讲授和教材只是引导学生入门,告诉学生处理问题的方法,学生不应满足于能听懂教师的讲解,能看懂教材中的程序,而应当通过自己的实践真正掌握它,善思考,会编程,巧调试,能分析。

上机实践应包括以下几个方面:

(1) 能根据要求,独立编写出正确的程序;

(2) 会熟练地利用某种编译系统(一般是一个集成环境IDE)上机运行程序;

(3) 能很快发现程序中存在的问题并有效地解决,具有调试程序的能力;

(4) 会分析程序的运行结果,并考虑是否有更好的处理方案。

这一部分就是帮助学生实现以上的要求,同时包括以下一些内容。

(1) 介绍目前常用的一种编译工具——Visual Studio 2010集成环境,以及简单易用的"线上编译器"编译和运行C语言程序的方法。

(2) 介绍程序的调试与测试的方法。

(3) 根据教学要求提供了上机实践的内容与安排,供有需求的学校选用。

第 19 章 用 Visual Studio 2010 运行 C 语言程序

19.1 关于 Visual Studio 2010

以前学习 C 语言程序设计进行上机实践,大多数采用 Visual C++ 6.0 集成环境,使用起来比较简单方便。但由于 Windows XP 已逐渐退出历史舞台,而许多使用 Windows 7 以上操作系统的用户不能顺利安装 Visual C++ 6.0 系统,因此无法使用 Visual C++ 6.0 编译和运行 C 语言程序。在这种情况下,可以改用 Visual Studio 2010(或 Visual Studio 2008)。

大家比较熟悉的 Visual C++ 6.0 和 Visual Basic 6.0 一样是一个独立的集成环境(IDE),对程序的编辑、编译和运行都在该 IDE 中完成。而 Visual Studio 2010 则不同,它把 Visual C++ 、Visual Basic、Visual C♯ 等全部集成在一个 Visual Studio 集成环境中,Visual C++ 2010 是 Visual Studio 2010 中的一部分,不能单独安装和运行 Visual C++ 2010。

Visual Studio 2010 中的 Visual C++ 2010 是专门用来处理 C++ 语言程序的。由于 C++ 语言与 C 语言基本是兼容的,因此,可以用 Visual C++ 2010 处理 C 语言程序。为了编译和运行 C 语言程序,就可以利用 Visual Studio 2010 这个开发工具。

下面对 Visual Studio 2010 作简单介绍。

Visual C++ 2010 是 Visual Studio 2010 的一部分,需要使用 Visual Studio 2010 的资源,因此,为了使用 Visual C++ 2010,必须安装 Visual Studio 2010。可以在 Windows 环境下进行安装。

如果有 Visual Studio 2010 光盘,执行其中的 setup.exe,并按屏幕上的提示进行安装即可。

下面介绍怎样使用 Visual Studio 2010(中文版)编辑、编译和运行 C 语言程序。如果读者使用英文版,方法是一样的。我们在下面的叙述中,同时提供相应的英文显示。

双击 Windows 窗口左下角的"开始"图标,在出现的软件菜单中有 Microsoft Visual Studio 2010 子菜单。双击此子菜单,就会出现 Microsoft Visual Studio 2010 的版权页,然后显示"起始页",如图 19.1 所示。

注意:也可以从 Windows 窗口左下角选择"开始"→"所有程序"→Microsoft Visual Studio 2010 菜单,再找到其下面的 Microsoft Visual Studio 2010 选项,右击,选择"锁定到任务栏"命令,这时在 Window 窗口的任务栏中会出现 Visual Studio 2010 的图标。还可以在桌面上建立 Visual Studio 2010 的快捷方式,双击此图标,也可以显示出图 19.1 的窗口。建立快捷方式,在以后需要调用 Visual Studio 2010 时,直接双击此图标即可,比较方便。

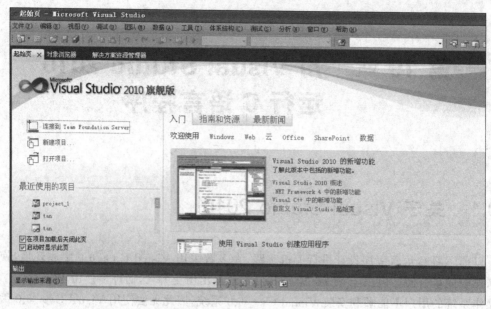

图 19.1

在 Visual Studio 2010 主窗口中的顶部是 Visual Studio 2010 的主菜单,其中有 10 个菜单项:文件(File)、编辑(Edit)、视图(View)、调试(Debug)、团队(Team)、数据(Data)、工具(Tools)、测试(Test)、窗口(Window)、帮助(Help)。括号内的英文单词是 Visual Studio 2010 英文版中的菜单项的英文显示。

本书只介绍在建立和运行 C 语言程序时用到的部分内容。

19.2 怎样建立新项目

使用 Visual C++ 2010(以下简称 VC++ 2010)编写和运行一个 C 语言程序,要比用 VC++ 6.0 复杂一些。在 VC++ 6.0 中,可以直接建立并运行一个 C 语言文件得到结果。而在 VC++ 2008 和 VC++ 2010 版本中,必须先建立一个项目,然后在项目中建立文件。因为 C++ 语言是为处理复杂的大程序而产生的,一个大程序中往往包括若干个 C++ 程序文件,最终把它们组成一个整体进行编译和运行,这就是一个项目(project)。即使只有一个源程序,也要建立一个项目,然后在此项目中建立文件。

下面介绍怎样建立一个新的项目。在图 19.1 所示的主窗口中,在主菜单中选择"文件(F)"选项,在其下拉菜单中选择"新建(N)"选项,再选择"项目(P)"(为简化起见,以后表示为"文件"→"新建"→"项目"),如图 19.2 所示。

单击"项目",表示需要建立一个新项目。此时会弹出一个"新建项目"(New Project)对话框,在其左侧的 Visual C++ 中选择 Win32,在中部选择"Win32 控制台应用程序"(Win32 Console Application)。在对话框下方的"名称"(Name)文本框中输入自己建立的新项目的名称 project_1。在"位置"(Location)列表框中输入指定的文件路径 D:\CC,表示要在 D 盘的 CC 目录下建立一个名称为 project_1 的项目(名称和位置的内容是由用户自己随意指定的）。也可以用"浏览"（Browse）按钮从已有的路径中选择。此时，最下方的"解决方案名称"（Solution Name）文本框中自动显示了 project_1，和刚才输入的项目名称（project_1）同名。然后，选中右下角的"为解决方案创建目录"（Create Directory for Solution）复选框，如图 19.3 所示。

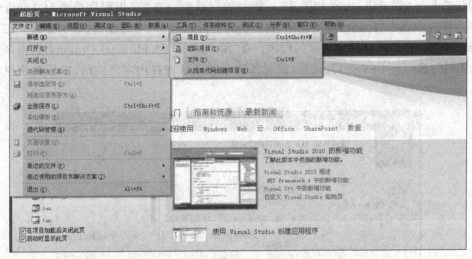

图　19.2

图　19.3

说明：在建立新项目 project_1 时，系统会自动生成一个同名的"解决方案"。Visual Studio 2010 中的"解决方案"相当于 VC++ 6.0 中的"项目工作区"（Project Workspace）。一个"解决方案"（一个项目工作区）中可以包含一个或多个项目，组成一个处理问题的整体。处理简单的问题时，一个解决方案中只包括一个项目。经过以上的指定，形成的路径为 D:\

C++\project_1\project_1。其中第 1 个 project_1 是"解决方案"子目录,第 2 个 project_1 是"项目"子目录。

单击"确定"按钮后,屏幕上出现"Win32 应用程序向导"(Win32 Application Wizard)对话框,如图 19.4 所示。

单击"下一步"按钮,出现如图 19.5 所示的对话框。在"应用程序类型"(Application Type)选项区中选中"控制台应用程序"(Console Application)单选按钮(表示要建立的是控制台操作的程序,而不是其他类型的程序),在"附加选项"(Additional Options)选项区中勾选"空项目"(Empty Project)复选框,表示所建立的项目现在内容是空的,以后再往里添加内容。

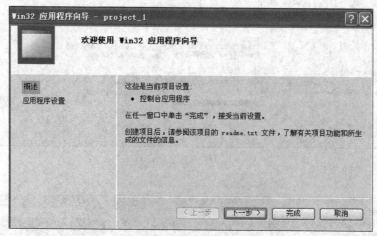

图 19.4

图 19.5

单击"完成"按钮,一个新的解决方案 project_1 和项目 project_1 已建立完成,屏幕上出现如图 19.6 所示的窗口。

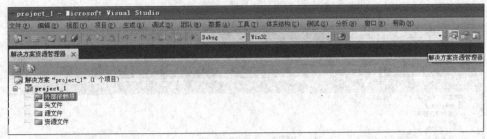

图 19.6

如果在窗口中没有显示如图 19.6 所示的"解决方案资源管理器"的内容,则应在窗口右上方的工具栏中找到"解决方案资源管理器"(Solution Explorer)图标(图 19.6 右上角),单击此图标,在工具栏的下一行出现"解决方案资源管理器"选项卡,可以根据需要把工具栏中其他的工具图标(如"对象浏览器"(Object Browser)等)以选项卡形式显示出来。单击"解决方案资源管理器"选项卡,可以显示出"解决方案资源管理器"窗口,其中第 1 行为"解决方案'project_1'(1 个项目)"(Solution 'project_1'(1 project)),表示解决方案 project_1 中有一个 project_1 项目,并在下面显示出 project_1 项目中包含的内容。

19.3 怎样建立文件

建立文件有以下两种情况。

1. 从无到有建立新的源程序文件

上面已经建立了 project_1 项目,但项目是空的,其中并无源程序文件,需要在此项目中建立新的文件。方法如下:在图 19.6 所示的窗口中选择 project_1 下面的"源文件"(Source Files)并右击,再选择"添加"(Add)→"新建项"(New Item)命令,如图 19.7 所示,表示要建立一个新的源程序文件。

此时,出现"添加新项"(Open New Item)对话框,如图 19.8 所示。在其左部选择 Visual C++,在中部选择"C++ 文件"(C++ files)表示要添加的是 C++ 文件(包括 C 语言程序文件),并在对话框下部的"名称"(Name)文本框中输入指定的文件名(test.c),系统自动在"位置"(Location)列表框中显示出此文件的路径: D:\CC\project_1\project_1\,表示把 test.c 文件放在 D 盘的子目录 CC 中的"解决方案 project_1"下的"project_1 项目"中。

单击"添加"(Add)按钮,表示要把 test.c 文件添加到 project_1 项目中。此时屏幕上出现 test.c 的编辑窗口,要求用户输入源程序。输入一个 C 语言程序(也可以用复制的方法复制一个程序),如图 19.9 所示。

保存已输入和编辑完成的文件,以备以后调出来修改或编译。保存的方法是:选择文件菜单中的"文件"(File)选项,并在其下拉菜单中选择"保存 test.c"(save test.c)选项,将程序保存在刚建立的 test.c 文件中,如图 19.10 所示。也可以用"另存为"(Save as)保存在其他路径的文件中。

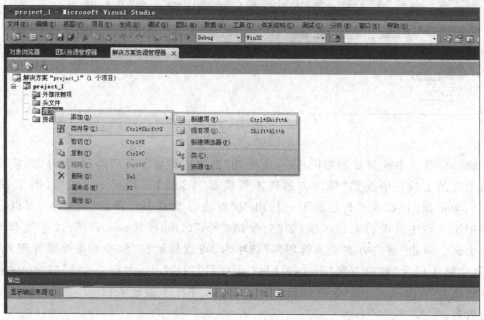

图 19.7

图 19.8

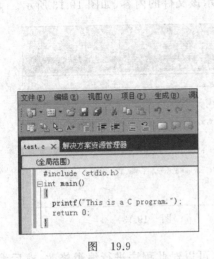

图　19.9

图　19.10

2. 将程序调入项目中

如果用户已经编写完成所需的 C 语言程序并存放在某目录下（如已经存放在 U 盘上），现在希望把它调入指定的项目中。此时不是建立新文件，而是想从某存储设备中读入一个已有的 C 语言程序（后缀为.c）或 C++ 语言程序（后缀为.cpp）到项目中。可以在图 19.7 所示的窗口中选择“添加”（Add）→“现有项”（Existing Item）命令，出现“添加现有项”（Add Existing Item）对话框，如图 19.11 所示。在“查找范围”列表框中找到文件所在的路径（设所指定的文件在 U 盘中），然后单击所需要的文件 test2（它是后缀为.c 的 C 语言源程序文件）。此时在对话框下部的“对象名称”（Object Name）列表框中自动显示文件名 test2。

图　19.11

单击“添加”按钮，这时文件 test2.c 即被读入（保持其原有文件名），添加到当前项目（如 project_1）中，成为该项目中的一个源程序文件。此时出现图 19.12 所示的“解决方案资源管理器”窗口，可以看到在“源文件”中已包含了 test2.c 文件。

　　说明：如果原来在 U 盘中的文件是一个 C 语言源程序文件(后缀为.c)或是 C++ 文件(后缀为.cpp)，则调入项目后源文件的格式及性质不会改变。

　　双击 test2.c 文件，会出现 test2.c 的编辑窗口，显示该文件的内容，如图 19.13 所示。

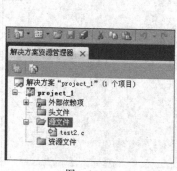

图　19.12

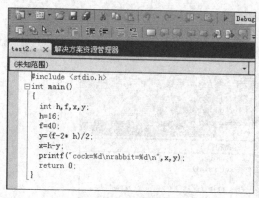

图　19.13

　　这是一个求解"鸡兔同笼"问题的 C 语言源程序。可以对此程序进行编辑修改，然后编译和运行。

19.4　怎样进行编译

　　编译一个编辑完成并检查无误的程序的方法是：从主菜单中选择"生成"(Build)→"生成解决方案"(Build Solution)命令，如图 19.14 所示。此时系统会对源程序和与其相关的资源(如头文件、函数库等)进行编译和连接，并显示出编译的信息，如图 19.15 所示。

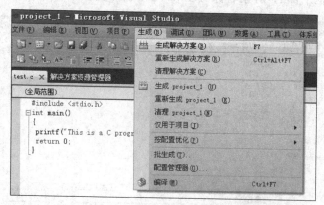

图　19.14

　　图 19.15 下部是"生成信息"窗口，显示生成(编译和连接)过程中处理的情况。最后一行显示"生成：成功 1 个……"，表示已经生成了一个可供执行的解决方案(后缀为.exe)，可以付诸运行了。如果编译和连接过程中出现错误，会显示出错的信息。用户检查并改正错误后重新编译，直到"生成成功"为止。

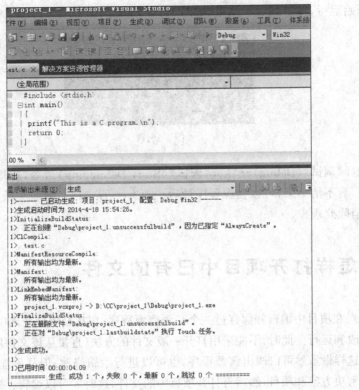

图 19.15

19.5 怎样运行程序

选择"调试"(Debug)→"开始执行(不调试)"(Start Without Debugging)命令,如图 19.16
所示。

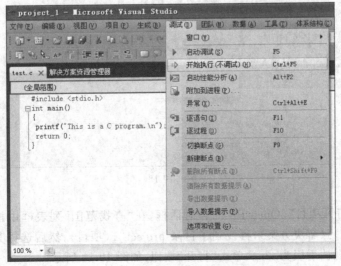

图 19.16

219

程序开始运行,并得到运行结果,如图 19.17 所示。

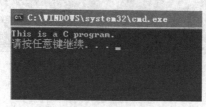

图　19.17

如果选择"调试"(Debug)→"启动调试"(Start Debugging)命令,程序运行时输出结果会一闪而过,看不清结果,可以在源程序最后一行"return 0;"之前加一条输入语句"getchar();",即可消除此现象。

19.6　怎样打开项目中已有的文件

假如已经在项目中编辑并保存过一个 C 语言源程序,现在希望打开该项目中的源程序,并对它进行修改和运行。此时,不能采用打开一般文件的方法(直接从该文件所在的子目录中双击文件名),这样做虽然可以调出该源程序,也可以进行编辑修改,但是不能进行编译和运行。应当先打开解决方案和项目,然后再打开项目中的文件,这时才可以编辑、编译和运行。

在主窗口中选择"文件"(File)→"打开"(Open)→"项目/解决方案"(Project/Solution)命令,如图 19.18 所示。

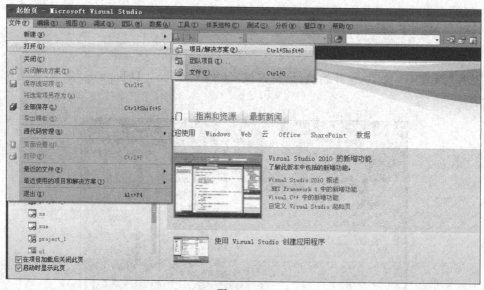

图　19.18

这时出现"打开项目"(Open Project)对话框,在"查找范围"列表框中根据已知路径找到子目录 project_1(解决方案),再找到子目录 project_1(项目),然后选择其中的解决方案文件 project_1(默认后缀为.sln),单击"打开"按钮,如图 19.19 所示。

图　19.19

屏幕出现"解决方案资源管理器"窗口,如图 19.20 所示。可以看到在"源文件"下面有文件名 test.c。双击此文件名打开 test.c 文件,出现 test.c 的编辑窗口,显示出源程序,如图 19.21 所示,此时可以对它进行修改或编译(生成)。

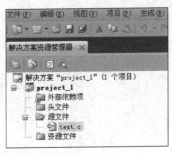

图　19.20

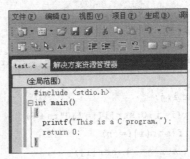

图　19.21

19.7　怎样编辑和运行一个包含多文件的程序

前面运行的程序都只包含了一个文件,比较简单。如果一个程序包含若干个源文件,应该怎样进行编辑和运行呢?

假设有以下程序,包含一个主函数,3 个被主函数调用的函数。有两种处理方法:一是把它们作为一个文件单位来处理,主教材中大部分程序都是这样处理的,比较简单;二是把这4 个函数分别作为 4 个源程序文件,然后一起进行编译和连接,最终生成一个可执行的文件。

例如,一个程序包含以下 4 个源程序文件。

(1) file1.c(文件 1)

```
# include <stdio.h>
int main()
{
  extern void enter_string(char str[]);
```

221

```
    extern void delete_string(char str[],char ch);
    extern void print_string(char str[]);
    char c;
    char str[80];
    enter_string(str);
    scanf("%c",&c);
    delete_string(str,c);
    print_string(str);
    return 0;
}
```

（2）file2.c（文件 2）

```
#include <stdio.h>
void enter_string(char str[80])
{
gets(str);
}
```

（3）file3.c（文件 3）

```
#include <stdio.h>
void delete_string(char str[],char ch)
{
    int i,j;
    for(i=j=0;str[i]!='\0';i++)
        if(str[i]!=ch)
            str[j++]=str[i];
    str[j]='\0';
}
```

（4）file4.c（文件 4）

```
#include <stdio.h>
void print_string(char str[])
{
printf("%s\n",str);
}
```

此程序的作用是：输入一个字符串（包括若干个字符），然后再输入一个字符，程序就会从字符串中将后输入的字符删去。如先输入字符串："This is a C program."，再输入字符C，就会从字符串中删去字符 C，成为"This is a program."。

操作过程如下。

（1）按照本章 19.2 节介绍的方法，建立一个新项目（项目名指定为 project_2）。

（2）按照本章 19.3 节介绍的方法，向项目 project_2 中添加新文件 file1.c，在编辑窗口中输入文件 1 中的程序，并把它保存在 file1.c 文件中。同样，先后添加新文件 file2.c～file4.c，输入文件 2～文件 4 中的程序，并把它们分别保存在 file2.c～file4.c 文件中。

(3) 也可以用 19.3 节中第 2 部分介绍的方法，调入已经编写完成并存放在从 U 盘(或其他目录)中的 C 语言程序 file1.c～file4.c 并保存。我们现在采用的就是这种方法，向项目 project_2 调入这 4 个 C 语言源程序。

(4) 此时在“解决方案资源管理器”窗口中显示了在项目 project_2 中包含了 4 个文件，如图 19.22 所示。

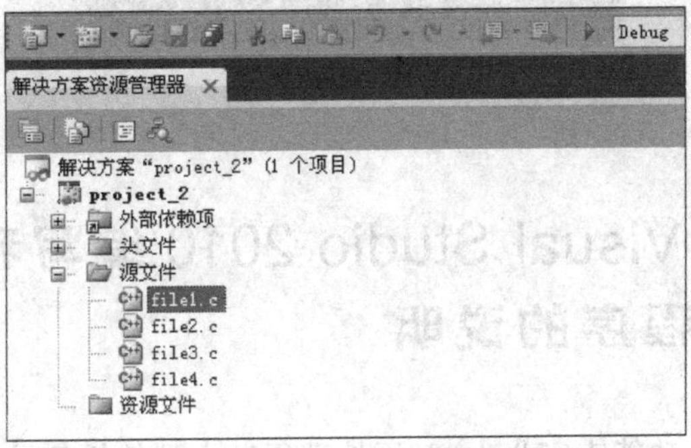

图　19.22

(5) 在主菜单中选择“生成”(Build)→“生成解决方案”(Build Solution)命令，就对此项目进行编译与连接，生成可执行文件，如图 19.23 所示。在“生成信息”窗口中最后一行可以看到“生成成功”的信息。

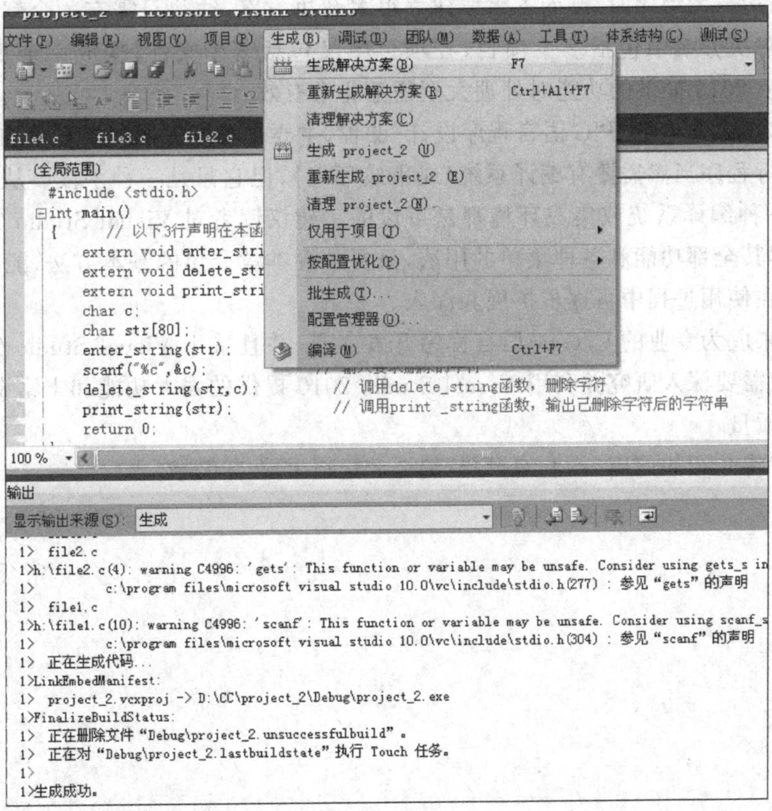

图　19.23

（6）在主菜单中选择"调试"（Debug）→"开始执行（不调试）"（Start Without Debugging)命令,运行程序并得到结果,如图 19.24 所示。

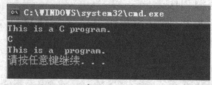

图 19.24

19.8 关于用 Visual Studio 2010 编写和运行 C 语言程序的说明

Visual Studio 2010 功能丰富强大,对于处理复杂大型的任务得心应手。但是如果用它来处理简单的小程序,就如同把火车轮子装在自行车上,反而觉得行动不便。例如,每运行一个 C 语言习题程序,都要分别为它建立一个解决方案和一个项目,运行 10 个程序就要建立 10 个解决方案和 10 个项目,非常麻烦。但是用熟练了也就习惯了,在技术上不会有太大的困难。

其实,在运行大程序时,反而不需要建立很多解决方案,往往只需有一个解决方案就够了。在一个解决方案中包括多个项目,在项目中又包括若干文件,构成一个复杂的体系。Visual Studio 2010 提供的功能对处理大型任务非常有效。

作者认为,大学生学习"C语言程序设计"课程,主要是学习怎样利用 C 语言进行程序设计。上机运行程序当然需要有编译系统(或集成环境),但它只是一种手段。从教学的角度来看,用哪一种编译系统或集成环境都是可以的。建议读者对 Visual Studio 2010 不必深究,不必了解其全部功能和各种菜单的用法,只要掌握本章介绍的基本方法,能运行 C 语言程序即可。在使用过程中再逐步扩展和深入。

如果将来成为专业的 C/C++ 语言程序开发人员,并且采用 Visual Studio 2010 作为开发工具时,就需要深入研究并利用 Visual Studio 2010 提供的强大功能和丰富资源,以提高工作效率与质量。

第 20 章将介绍如何用"线上编辑器"编译和运行 C 语言程序。

第20章 利用在线编译器
运行 C 语言程序

第 19 章介绍了用 Visual Studio 编译和运行 C 语言程序的方法。它是一个常用的软件编译系统，支持 C、C++ 等编程语言，供开发大型程序使用，系统庞大，构造复杂，使用要求较高，需要安装在一台计算机上才能运行，而且对运行环境要求比较高。即使运行一个很简单的程序，也要经过严格的多个步骤，这就使许多初学者感到不太方便。

为了方便初学者运行、测试简单的程序，有的软件商推出了"在线编译器"，用户不必下载并安装 C++ 语言的编译系统，而可以直接使用网上的"在线编译器"来编译和运行 C 语言程序。

比较受欢迎的在线编译器有以下几种。

https://www.jdoodle.com/c-online-compiler/

https://www.codechef.com/ide

https://www.onlinegdb.com/online_c_compiler

https://www.mycompiler.io/new/c

https://repl.it/languages/c

https://paiza.io/en/projects/new? language=c

https://www.tutorialspoint.com/compile_c_online.php

https://ideone.com/

http://cpp.sh

现在介绍其中的一种：C++ shell。其使用方法如下。

1. 登录上线

可以在网上登录以下网址：

http://cpp.sh

打开随后出现的 C++ shell，就会出现如图 20.1 所示的界面。

上部分是程序区，用来输入和修改程序，系统自动显示了一个 C++ 语言示例程序（Example Program）；下部分是有关选择项，初学者可以默认选择图中的选项。

2. 把示例程序改为自己准备运行的程序

现在通过键盘输入了一个 C 语言程序，如图 20.2 所示。

说明：程序既可以用键盘输入，也可以先用文本文件编辑软件写好一个程序并复制到上面的程序区。

3. 编译程序

单击右侧的 Run 按钮，系统对程序进行编译，如果程序有语法错误，会显示"出错信息"。现在故意把程序第 8 行最后的分号去掉，看看编译信息，如图 20.3 所示。

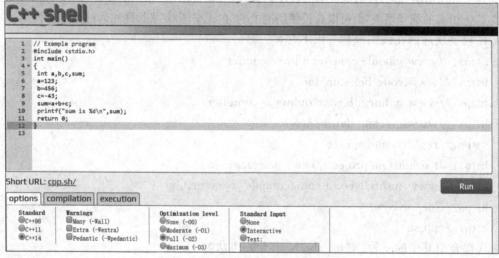

图　20.1

图　20.2

图　20.3

下部分包括编译信息区。现在的信息表示：在主函数中第 9 行出现错误，在 sum 之前缺少一个分号。本来这个错误出在第 8 行行末。系统发现第 8 行行末没有分号，于是接着在第 9 行找，如果第 9 行的第 1 个有效字符是分号，程序还是合法的。但是第 9 行的第 1 个字符是一个空格，找到第 2 个字符是 s 而不是分号。因此，在第 9 行第 2 个字符处报错，意思是：在函数"int main()"中第 9 行第 2 个字符出现的错误是 sum 之前缺少分号"；"。同时在程序第 9 行的左侧也出现一个"×"号，以提醒用户检查。

4. 改正错误后再运行程序

改正错误后再单击 Run 按钮，系统再次进行编译，结果未发现错误，编译通过。接着自动运行程序，如图 20.4 所示。可以看到，此时下部的区又成为运行结果显示区，输出结果"sum is 536"。如果程序在运行时要输入数据，也在此处进行输入。

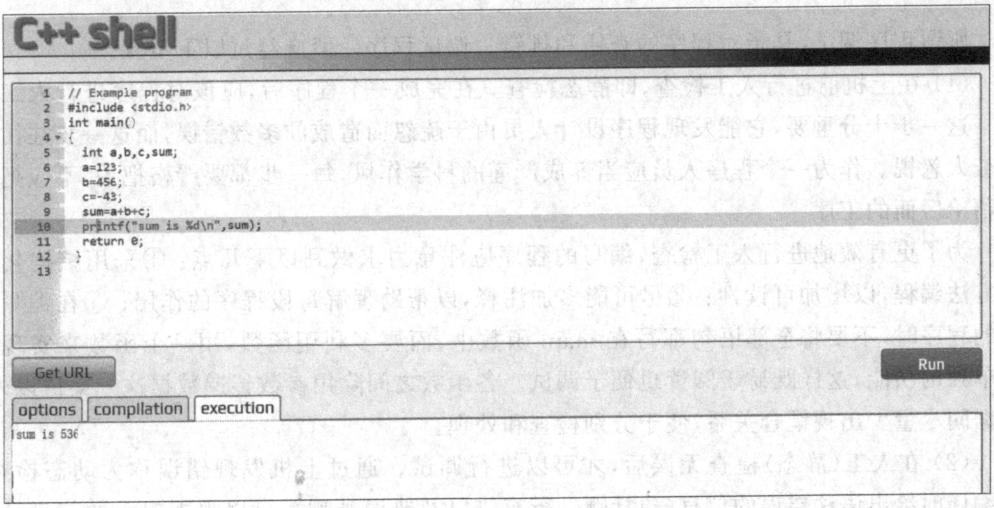

图　20.4

可以看到，用线上编译器运行程序是很简单和方便的，即使没人讲解，也能自己看懂。

需要指出：cpp.sh 是最简单的线上编译器之一，没有为用户预留存储程序的空间，运行的程序文件没有文件名，运行后也不保留源程序、目标程序和可执行文件，也不能指定编译系统（如运行以某一文件名的程序）。如果想保留源文件，只能用复制的方法把它保存为文本文件，以后需要用时再复制进来。它比较适用于临时需要运行的小程序，对初学者比较合适，可以免去学习复杂的编译系统的时间。

其他在线编译器在编译方面大同小异，有些有不同的保存功能，有些可以保存在本地，其他可以申请账号，源程序可以被保存在云端。有兴趣的读者可以自行尝试其他在线编译器不同的功能。

第21章　程序的调试与测试

21.1　程序的调试

所谓程序调试,是指对程序的查错和排错。调试程序一般应经过以下步骤。

(1) 在上机前进行人工检查,即静态检查。在完成一个程序后,应该对程序进行人工检查。这一步十分重要,它能发现程序设计人员由于疏忽而造成的多数错误,而这一步往往容易被人忽视。作为一个程序人员应当养成严谨的科学作风,每一步都要严格把关,不应把问题留给后面的工序。

为了更有效地进行人工检查,编写的程序应注意力求做到以下几点:①采用结构化程序方法编程,以增加可读性;②尽可能多加注释,以帮助理解每段程序的作用;③在编写复杂的程序时,不要将全部语句都写在 main 函数中,而要多利用函数,用一个函数来实现一个单独的功能,这样既易于阅读也便于调试。各函数之间除用参数传递数据这一渠道以外,数据间尽量少出现耦合关系,便于分别检查和处理。

(2) 在人工(静态)检查无误后,才可以进行调试。通过上机发现错误称为动态检查。在编译时给出语法错误的信息(包括哪一行有错以及错误类型),可以根据提示的信息具体找出程序出错之处并改正。应当注意的是,有时提示的出错行并不是真正出错的行,如果在提示出错的行找不到错误,可到上一行寻找。

另外,有时提示出错的类型并非绝对准确,由于出错的情况繁多而且各种错误互有关联,因此要善于分析,找出真正的错误,而不要只从字面意义上抠出错信息,避免钻牛角尖。

如果系统提示的出错信息较多,应当从上到下逐一改正。有时显示出一大片出错信息往往使人感到问题严重,无从下手,其实可能只有一两个错误。例如,对所用的变量未定义,编译时就会对所有含有该变量的语句发出出错信息,只要加上一个变量定义,所有错误就都消除了。

(3) 在改正语法错误,即改正"错误"(error)和"警告"(warning)后,程序经过连接(link)即可得到可执行的目标程序。运行程序,输入程序所需数据,即可得到运行结果。应当对运行结果进行分析,看是否符合要求。有的初学者看到输出运行结果就认为没问题了,不作认真分析,这是危险的。

有时数据比较复杂,难以立即判断结果是否正确。可以准备一些试验数据,输入这些数据可以得出容易判断正确与否的结果。例如,解方程 $ax^2+bx+c=0$,输入 a、b、c 的值分别为 1、-2、1 时,根 x 的值是 1,这是容易判断的。若根不等于 1,程序显然有错。

但是,输入试验数据程序运行结果正确,也不能保证程序完全正确,因为有可能输入另一组数据时运行结果不正确。例如，用 $x=\dfrac{-b\pm\sqrt{b^2-4ac}}{2a}$ 公式求根 x 的值，当 $a\neq0$ 和 $b^2-4ac>0$ 时，能得出正确结果；当 $a=0$ 或 $b^2-4ac<0$ 时，就得不到正确结果（假设程序中未对 $a=0$ 做防御处理以及未做复数处理）。因此应当把程序可能遇到的各种情况都进行检查。例如，if 语句有两个分支，有可能在流程经过其中一个分支时结果正确，而经过另一个分支时结果不正确，必须考虑周全。

事实上，当程序复杂时很难把所有的可能情况全部都试到，选择典型的情况做试验即可。

（4）运行结果不对，大多属于逻辑错误。对这类错误往往需要仔细检查和分析才能发现问题。

① 将程序与流程图（或伪代码）仔细对照，如果流程图是正确的，程序写错了，是很容易发现的。例如，复合语句忘记写花括号，只要一对照流程图就能很快发现。

② 如在程序中没有发现问题，就要检查流程图有无错误，即算法有无问题，如有，则改正，然后修改程序。

（5）有的错误很隐蔽，我们可以采用以下方法利用计算机帮助查出问题所在。

① "分段检查"的方法。在程序不同位置设几条 printf 语句，输出有关变量的值，以检查是否正常。逐段往下检查，直到找到在某一段中不对的数据为止。

② 可以使用"条件编译"命令进行程序调试。上面已说明，在程序调试阶段，往往要增加若干条 printf 语句检查有关变量的值。在调试完毕后，可以用条件编译命令，使这些语句行不被编译，当然也不会被执行。下面简单介绍使用方法。

```
#define DEBUG 1                       //将标识符 DEBUG 定义为 1
   ⋮
#ifdef DEBUG                          //如果标识符 DEBUG 已被定义过
   printf("x=%d,y=%d,z=%d\n",x,y,z);  //输出 x、y、z 的值
#endif                                //条件编译作用结束
   ⋮
```

最后 3 行的作用是：如果标识符 DEBUG 已被定义过（不管定义的是什么值），在程序编译时，包含在 #ifdef 和 #endif 当中的 printf 语句被正常编译。现在，第 1 行已有"#define DEBUG 1"，即标识符 DEBUG 已被定义过，所以 printf 语句按正常情况进行编译，在运行时输出 x、y、z 的值，以便检查数据是否正确。在调试结束后，就不需要这条 printf 语句了，只需把第 1 行"#define DEBUG 1"删去，再进行编译，由于此时标识符 DEBUG 未被定义过，因此不对 printf 语句进行编译并执行，也就不输出 x、y、z 的值了。在一个程序中可以在多处作这样的指定，只需在最前面用一个 #define 命令进行"统一控制"，如同一个"开关"一样。用"条件编译"方法，不需要逐一删除这些 printf 语句，使用起来更加方便，调试效率更高。

上面用 DEBUG 作为控制的标识符，也可以用其他任何一个标识符，如 A 代替 DEBUG，我们用 DEBUG 只是为了"见名知意"。

③ 有的系统还提供了 debug（调试）工具，跟踪流程并给出相应信息，使用更为方便，请查阅有关手册。

总之,程序调试是一项细致深入的工作,需要下功夫、动脑子,善于积累经验。程序调试往往能够反映出一个人的编程水平、经验和科学态度,希望读者能给予足够的重视。上机调试程序的目的不是为了"验证程序的正确性",而是为了"掌握调试的方法和技术"。

21.2 程序错误的类型

为了帮助读者调试程序和分析程序,下面简单介绍程序出错的种类。

(1) 语法错误。即不符合C语言的语法规定,例如,将printf错写为pintf、括号不匹配、语句最后漏了分号等。在程序编译时要对程序中的每一行做语法检查,凡不符合语法规定的都要发出"出错信息"。

"出错信息"有两类:一类是"致命错误"(error),不改正不能通过编译,也不能产生目标文件.obj,因此也就无法继续进行连接以产生可执行文件.exe,必须找出错误并改正。

另一类是在语法上有小问题或可能影响程序运行结果精确性的问题(如定义了变量但始终未使用、将一个双精度值赋给一个单精度变量等),编译时会发出"警告"。有"警告"的程序一般能够通过编译,产生.obj文件,并可通过连接产生可执行文件,但可能会对运行结果有些影响。例如:

```
float a,b,c,aver;
a=87.5;
b=64.6;
c=89.0;
aver=(a+b+c)/3.0;
```

在编译时,会指出有4个警告,分别在第2~5行,VC++给出的警告信息是: truncation from "const double" to "float"(数据由双精度常数传送到float变量时会出现截断)。因为编译系统在运算时把实数都作为双精度常量处理,而把一个双精度常数传送到float变量时就有可能由于数据截断而产生误差。这些警告是对用户善意的提醒,如果需要保证较高的精度,可以把变量改为double类型;如果认为float类型变量提供的精度已足够,则不必修改程序,而继续进行连接和运行。

归纳起来,对程序中所有导致"错误"的因素必须全部排除;对"警告"则要认真对待,具体分析。当然,做到既无错误又无警告最好,而有的警告并不说明程序有错,可以不处理。

(2) 逻辑错误。程序并无违背语法规则,也能正常运行,但程序执行结果与原意不符,这是由于程序设计人员设计的算法或编写程序有错误,给系统的指令与解题的原意不相同,即出现了逻辑上的错误。例如以下程序:

```
sum=0;i=1;
while(i<=100)
  sum=sum+i;
  i++;
```

原意想实现1+2+3+…+100,从语法上看没有错误,但由于缺少花括号,while语句的范围只包括"sum＝sum＋i;",而不包括"i＋＋;"。通知给系统的信息是当 i≤＝100 时执行"sum＝sum＋i;",而 i 的值始终不变,形成一个永不终止的"死循环"。C 语言系统无法辨别程序中这条语句是否符合作者的原意,而只能忠实地执行这一指令。

又如,求 s＝1＋2＋3＋…＋100,如果写出以下语句:

```
for(s=0,i=1;i<100;i++)
    s=s+i;
```

语法没有错,但求出的结果是 1＋2＋3＋…＋99 之和,而不是 1＋2＋3＋…＋100 之和,原因是少执行了一次循环。这种错误在程序编译时是无法检查出来的,因为语法是正确的。计算机无法知道程序设计者是想累加 100 个数,还是想累加 99 个数,只能按程序执行。

这类错误属于程序逻辑方面的错误,可能是在设计算法时出现的错误,也可能是在编写程序时出现疏忽所致,需要认真检查程序和分析运行结果。如果是算法有错误,则应先修改算法,再改程序;如果是算法正确而程序写得不对,则直接修改程序。

又如以下程序:

```
#include <stdio.h>
int main ( )
{
    int a=3,b=4,aver;
    scanf("%d %d",a,b);
    aver=(a+b)/2.0;
    printf("%d\n",aver);
}
```

编写者的原意是先对 a 和 b 赋初值 3 和 4,然后通过 scanf 函数向 a 和 b 输入新的值。有经验的人一眼就会看出 scanf 函数写法不对,漏了地址符 &,应该是:

```
scanf("%d %d",&a,&b);
```

但是,这个错误在程序编译时是检查不出来的,也不会输出"出错信息"。程序能通过编译,也能运行。这是为什么呢?如果按正确的写法"scanf("%d %d",&a,&b);",其含义是把用户从键盘输入的整数送到变量 a 的地址所指向的内存单元。如果变量 a 的地址是1020,则把用户从键盘输入的整数送到地址为 1020 的内存单元中,也就是把输入的数赋给了变量 a。如果写成"scanf("%d %d",a,b);",编译系统会把用户从键盘输入的一个整数送到变量 a 的值所指向的内存单元。如果 a 的值为 3,则把用户从键盘输入的数送到地址为3 的内存单元中。显然,这不是变量 a 所在的单元,而是一个不可预料的单元。这样就改变了该单元的内容,有可能造成严重的后果,非常危险。

这种错误比语法错误更难检查,要求程序员有较丰富的经验。

因此,不要认为只要通过编译的程序一定就没有问题。除了需要仔细、反复地检查外,在程序运行时一定要注意运行情况。像上面这个程序运行时会出现异常,应及时检查原因并加以修正。

(3) 运行错误。有时程序既无语法错误,又无逻辑错误,但程序不能正常运行或结果不正确。多数情况是数据不对,包括数据本身不合适以及数据类型不匹配。如以下程序:

```
#include <stdio.h>
int main()
{
  int a,b,c;
  scanf("%d,%d",&a,&b);
  c=a/b;
  printf("%d\n",c);
}
```

当输入的 b 为非零值时,运行无问题;当输入的 b 为零时,运行时出现"溢出"(overflow)的错误。

如果在执行上面的 scanf 函数语句时输入:

456.78, 34.56↙

则输出 c 的值为 2,显然是不对的。原因是输入的数据类型与输入格式符%d 不匹配。

应当养成认真分析结果的习惯,不要无条件地"相信计算机"。有的人盲目相信计算机,以为凡是计算机计算和输出的总是正确的。但是,如果数据不正确或程序有问题,结果怎么能保证正确呢?

21.3 程序的测试

程序调试的目的是排除程序中的错误,使程序能顺利运行并得到预期的效果。程序的调试阶段不仅要发现和消除语法错误,还要发现和消除逻辑错误与运行错误。除了可以利用编译时提示的"出错信息"发现和改正语法错误外,还可以通过程序的测试来发现逻辑错误和运行错误。

程序测试的目的是尽量寻找程序中可能存在的错误。在测试时要设想到程序运行时的各种情况,测试在各种情况下的运行结果是否正确。

从前面的例子可以看到,有时程序在某些情况下能正确运行,而在另外一些情况下不能正常运行或得不到正确的结果,因此,一个程序即使通过编译并正常运行而且可以得到正确的结果,也不能认为程序就一定没有问题了。要考虑是否在任何情况下都能正常运行并且得到正确的结果。测试的任务就是要找出那些不能正常运行的情况和原因。下面通过一个例子来说明。

【例 21.1】 求一元二次方程 $ax^2+bx+c=0$ 的根。

根据求根公式 $x_{1,2}=\dfrac{-b\pm\sqrt{b^2-4ac}}{2a}$,编写出以下程序:

```
#include <stdio.h>
#include <math.h>
void main()
{
  float a,b,c,disc,x1,x2;
```

```
scanf("%f,%f,%f",&a,&b,&c);
disc=b*b-4*a*c;
x1=(-b+sqrt(disc))/(2*a);
x2=(-b-sqrt(disc))/(2*a);
printf("x1=%6.2f,x2=%6.2f\n",x1,x2);
}
```

当输入 a、b、c 的值为 1、−2、−15 时,输出 x_1 的值为 5,x_2 的值为 −3。结果正确。但是若输入 a、b、c 的值为 3、2、4 时,屏幕上会出现"出错信息",程序停止运行,原因是无法对负数求平方根($b^2=4-48=-44<0$)。因此,此程序只适用于 $b^2-4ac \geqslant 0$ 的情况。不能说上面的程序是错的,而只能说程序"考虑不周",不是在任何情况下都是正确的。使用这个程序必须满足 $b^2-4ac \geqslant 0$,给使用程序的人带来了不便。

一个程序应该适应各种不同的情况,并且都能正常运行并得到相应的结果。

下面分析一下求方程 $ax^2+bx+c=0$ 的根有几种情况。

(1) $a \neq 0$ 时。

① $b^2-4ac>0$,方程有两个不等的实根:

$$x_{1,2} = \frac{-b \pm \sqrt{b^2-4ac}}{2a}$$

② $b^2-4ac=0$,方程有两个相等的实根:

$$x_1 = x_2 = -\frac{b}{2a}$$

③ $b^2-4ac<0$,方程有两个不等的共轭复根:

$$x_{1,2} = \frac{-b}{2a} \pm \frac{\sqrt{4ac-b^2}}{2a}i$$

(2) $a=0$ 时,方程变成一元一次线性方程:$bx+c=0$。

① 当 $b \neq 0$ 时,$x=-\dfrac{c}{b}$。

② 当 $b=0$ 时,方程变为:$0x+c=0$。

• 当 $c=0$ 时,x 可以为任何值。

• 当 $c \neq 0$ 时,x 无解。

综合起来,共有 6 种情况:

① $a \neq 0, b^2-4ac>0$;

② $a \neq 0, b^2-4ac=0$;

③ $a \neq 0, b^2-4ac<0$;

④ $a=0, b \neq 0$;

⑤ $a=0, b=0, c=0$;

⑥ $a=0, b=0, c \neq 0$。

分别测试程序在以上 6 种情况下的运行情况,观察它们是否符合要求。准备 6 组数据,用这 6 组数据测试程序的"健壮性"。在使用上面这个程序时,显然只有满足①②情况的数据才能使程序正确运行,而输入满足③~⑥情况的数据时程序出错,说明程序不"健壮"。所以修改程序,使之能适应以上 6 种情况。可将程序改为

```c
#include <stdio.h>
#include <math.h>
int main()
{
  float a,b,c,disc,x1,x2,p,q;
  printf("Input a,b,c:");
  scanf("%f,%f,%f",&a,&b,&c);
  if (a==0)
    if (b==0)
      if (c==0)
        printf("It is trivial.\n");
      else
        printf("It is impossible.\n");
    else
    {
      printf("It has one solution:\n");
        printf("x=%6.2f\n",-c/b);
    }
  else
  {
    disc=b*b-4*a*c;
    if (disc>=0)
      if (disc>0)
      {
        printf("It has two real solutions:\n");
        x1=(-b+sqrt(disc))/(2*a);
        x2=(-b-sqrt(disc))/(2*a);
        printf("x1=%6.2f,x2=%6.2f\n",x1,x2);
      }
      else
      {
        printf("It has two same real solutions:\n");
        printf("x1=x2=%6.2f\\n",-b/(2*a));
      }
    else
    {
    printf("It has two complex solutions:\n");
    p=-b/(2*a);
    q=sqrt(-disc)/(2*a);
    printf("x1=%6.2f +%6.2fi, x2=%6.2f -%6.2fi\n",p,q,p,q);
    }
  }
}
```

为了测试程序的"健壮性",我们准备了 6 组数据。

(a) 3,4,1　(b) 1,2,1　(c) 4,2,1　(d) 0,3,4　(e) 0,0,0　(f) 0,0,5

分别用这 6 组数据作为输入的 a、b、c 的值,得到以下运行结果。

① Input a,b,c: 3,4,1↙

　It has two real solutions:

　x1=-0.33,x2=-1.00

② Input a,b,c: 1,2,1↙

　It has two same real solutions:

　x1=x2=-1.00

③ Input a,b,c: 4,2,1↙

　It has two complex solutions:

　x1=-0.25 +0.43i,　x2=-0.25 -0.43i

④ Input a,b,c: 0,3,4↙

　It has one solution:

　x=-1.33

⑤ Input a,b,c: 0,0,0↙

　It is trivial.

⑥ Input a,b,c: 0,0,5↙

　It is impossible.

经过测试,可以看到程序对任何输入的数据都能正常运行并得到正确的结果。

以上是根据数学知识知道输入数据有 6 种方案。但在有些情况下,并没有数学公式作为依据,例如,一个商品管理程序,要求对各种不同的检索做出相应的反映。如果程序包含多条路径(如由 if 语句形成的分支),则应设计多组测试数据,使程序中每一条路径都有机会执行,观察其运行是否正常。

以上就是程序测试的初步知识。测试的关键是正确准备测试数据,如果准备的 4 组测试数据,程序都能正常运行,仍然不能认为此程序已无问题。只有将程序运行时所有的可能情况都做过测试,才能做出判断。

测试的目的是检查程序有无"漏洞"。对于一个简单的程序,要找出其运行时全部可能执行的路径,并正确地准备数据并不困难。但是如果需要测试一个复杂的程序,要找到全部可能的路径并准备所需的测试数据并非易事。例如,有两条非嵌套的 if 语句,每条 if 语句有 2 个分支,它们所形成的路径数目为 $2 \times 2 = 4$。如果一个程序包含 100 条非嵌套的 if 语句,每条 if 语句有 2 个分支,则可能的路径数目为 $2^{100} \approx 1.267651 \times 10^{30}$。实际上进行测试的只是其中一部分(执行概率最高的部分)。因此,经过测试的程序一般不会宣布为"没有问题",只能说"经过测试的部分无问题"。正如检查身体一样,经过内科、外科、眼科等各科例行检查后,不能宣布被检查者"没有任何病症",他可能有隐蔽的、不易查出的病症。所以医院的诊断书一般写"未发现异常",而不能写"此人身体无任何问题"。

读者应当了解测试的目的,学会组织测试数据,并根据测试的结果完善程序。

应当说,写完一个程序只能说完成任务的一半(甚至不到一半),调试程序往往比编写程序更难,更需要精力、时间和经验。常常有这样的情况:程序一天就写完了,而调试程序两三天也未必能完成。有时一个小程序会出错五六处,而发现和排除一个错误,有时需要半天甚至更多的时间。希望读者通过实践掌握调试程序的方法和技术。

第22章　上机实践的指导思想和要求

22.1　上机实践的目的

学习C语言程序设计课程不能满足于看懂书上的程序,而应当熟练地掌握程序设计的全过程,即独立编写出源程序,独立上机调试程序,独立运行程序和分析结果。

程序设计是一门实践性很强的课程,必须保证有足够的上机实践时间,学习本课程应该至少有20个小时的上机实践时间,最好能做到与授课时间之比为1∶1。除了教师指定的上机实践以外,应当提倡学生课余抽时间多上机实践。

上机实践的目的绝不仅仅是为了验证教材和讲课的内容,或者验证自己所编的程序正确与否。学习程序设计,上机实践的目的如下。

(1) 加深对程序的理解。进一步了解在设计完成一个算法后,怎样用程序去实现它。进一步认知程序与算法的关系,程序是用计算机语言表示的算法。即使有了正确的算法,如果不能正确运行程序,算法仍然没有实现。只有正确运行了程序,并得到正确的结果,才能实现算法。因此,读者不仅要了解怎样设计算法,也要了解怎样实现算法。通过运行和调试程序,进一步理解和掌握算法。

(2) 通过运行和调试程序,进一步掌握C语言。为了编写和运行C语言程序,就必须掌握C语言,但是仅靠课堂讲授是不够的。要求初学者记住C语言的许多语法规定细节,不但枯燥无味,而且没有必要,但它们又很重要。通过上机掌握C语言的正确运用是行之有效的方法。通过多次上机,就能自然地、熟练地掌握C语言。

(3) 了解和熟悉C语言程序开发的环境。一个程序必须在一定的外部环境下才能运行。所谓"环境",是指所用的计算机系统的硬件和软件条件。使用者应该了解,为了运行一个C语言程序需要哪些必要的外部条件(例如,硬件配置、软件配置),可以利用哪些系统的功能帮助自己开发程序。每一种计算机系统的功能和操作方法不完全相同,但只要熟练掌握一两种计算机系统的应用,再遇到其他的系统时便会触类旁通。

(4) 学会上机调试程序的方法。也就是善于发现程序中的错误,并且能很快地排除这些错误,使程序正确运行。经验丰富的程序员在编译和连接过程中出现"出错信息"时,一般能很快地判断出错误所在并改正;而缺乏经验的程序员即使在明确的"出错提示"下往往也找不出错误,而只能求教于人。

调试程序本身是程序设计课程一个重要的内容和基本要求,应给予充分的重视。调试程序固然可以借鉴他人的经验,但更重要的是通过自己的实践来积累经验,而且有些经验是只能"意会"而难以"言传"。别人的经验不能代替自己的经验。调试程序的能力是每个程序设计人员应当掌握的一项基本功。

因此,在进行实践时千万不要在程序通过后就认为万事大吉、完成任务了,即使运行结果正确,也不等于程序设计很完美。在得到正确的结果以后,还应当考虑是否可以对程序做一些改进。

在上机实践时,在调试通过程序以后,可以进一步进行思考,对程序做一些改动(例如,修改一些参数、增加程序的一些功能、改变输入数据的方法等),再进行编译、连接和运行。甚至"自设障碍",即把正确的程序改为有错的程序(例如,用 scanf 函数输入变量时漏写"&"符号,使数组下标出界,使整数"溢出"等),观察和分析所出现的问题。这样主动、灵活的学习才会有真正的收获。

22.2　上机实践前的准备工作

在上机实践前应事先做好准备工作,以提高上机实践的效率。准备工作应包括以下几点。

(1) 了解所用的计算机系统(包括 C 语言编译系统)的性能和使用方法。

(2) 复习和掌握与本实践有关的教学内容。

(3) 准备好上机所需的程序。手编程序应书写整齐,经人工检查无误后才上机,以提高上机效率。初学者切忌不编写程序或抄别人的程序上机,应从一开始就养成严谨的科学作风。

(4) 对运行中可能出现的问题做出估计,对程序中自己有疑问的地方应做出标记,以便在上机时重点关注。

(5) 准备好调试和运行时所需的数据。

22.3　上机实践的步骤

上机实践时应该一人一组,独立上机。上机过程中出现的问题除了系统的问题以外,一般应自己独立处理,不要动辄问教师。尤其对"出错信息"应善于自己分析判断,这是学习调试程序的良好机会。

上机实践一般应包括以下几个步骤。

(1) 进入 C 语言工作环境(如 Visual C++ 集成环境)。

(2) 输入自己编好的程序。

(3) 检查已输入的程序是否有错(包括输入错误和编程中的错误),如发现有错,及时改正。

(4) 进行编译和连接。如果在编译和连接过程中发现错误,屏幕上会出现"出错信息",根据提示找到出错位置和原因并加以改正,再编译再改错如此反复,直到顺利通过编译和连接。

(5) 运行程序并分析运行结果是否合理和正确。在运行程序时要注意当输入不同数据时所得到的结果是否正确(例如,解 $ax^2+bx+c=0$ 方程时,不同的 a、b、c 组合会得到不同的结果)。应多运行几次,分别检查在不同情况下程序是否正确。

(6) 输出程序清单和运行结果。

22.4　实践报告

上机实践后,应整理出实践报告。实践报告应包括以下内容。

(1) 题目。

(2) 程序清单(计算机打印出的程序清单)。

(3) 运行结果(必须是上面程序清单所对应打印输出的结果)。

(4) 对运行情况所做的分析以及本次调试程序所获得的经验。如果程序未能通过,应分析其原因。

22.5　上机实践内容安排的原则

课后复习、完成习题和上机实践应统一考虑、紧密结合、逐步深入。教师可从主教材提供的习题中,根据教学要求选择若干题目要求学生完成,其中包括必做题和选做题。选做题难度大一些,有利于培养学生的思维能力和应用能力。在指定的习题中,指定全部或一部分作为上机题,建议其中至少有一题难度稍大一些。

本书给出了 12 个实践内容,主教材中一章的内容对应一两次上机实践。上机实践时间每次为 2 小时。在组织上机实践时可以根据条件做必要的调整,增加或减少某些部分。在实践内容中有"＊"的部分是选做题,希望有条件的学生尽可能选做。

学生应在上机实践前将教师指定的题目编好程序,在上机时输入和调试。

第 23 章　上机实践安排

23.1　实践 1　C 语言程序的运行环境和运行 C 语言程序的方法

1. 实践目的

(1) 了解所用的计算机的 C 语言编译系统的基本情况和使用方法,学会使用该系统。

(2) 了解在该系统如何编辑、编译、连接和运行一个 C 语言程序。

(3) 通过运行简单的 C 语言程序,初步了解 C 语言源程序的特点。

2. 实践内容

(1) 检查所用的计算机系统是否已安装了 C 语言编译系统并确定它所在的子目录。

(2) 进入所用的集成环境。

(3) 熟悉集成环境的界面和有关菜单的使用方法。

(4) 输入并运行一个简单的、正确的程序。

① 输入下面的程序。

```c
#include <stdio.h>
int main()
{
  printf ("This is a C program.\n");
  return 0;
}
```

② 仔细观察屏幕上已输入的程序,检查有无错误。

③ 根据本书第 19 章和第 20 章介绍的方法对源程序进行编译,观察屏幕上显示的编译信息。如果出现"出错信息",则找出原因并修改,再进行编译。如果无错,则进行连接。

④ 如果编译和连接无错误,运行程序,观察并分析运行结果。

(5) 输入并编辑一个有错误的 C 语言程序。

① 输入以下程序(主教材第 1 章中例 1.2,故意漏打或错打几个字符)。

```c
#include <stdio.h>
int main()
{
  int a,b,sum
  a=123; b=456;
  sum=a+b
```

```
    print ("sum is %d\n", sum);
    return 0;
}
```

② 进行编译,仔细分析编译信息窗口,可能显示有多个错误,逐个修改,直到不出现错误为止。最后请与主教材上的程序对照检查。

③ 运行程序,分析运行结果。

(6) 输入并运行一个需要在运行时输入数据的程序。

① 输入下面的程序:

```
#include <stdio.h>
int main()
{
    int max(int x, int y);
    int a, b, c;
    printf("Input a & b: ");
    scanf ("%d,%d",&a,&b);
    c=max (a,b);
    printf ("max=%d\\n",c);
    return 0;
}

int max(int x, int y)
{
    int z;
    if (x>y) z=x;
    else z=y;
    return (z);
}
```

② 编译并运行程序,在运行时输入整数 2 和 5,然后按 Enter 键,观察运行结果。

③ 将程序中的第 5 行修改为

```
int a;b;c;
```

再进行编译,观察结果。

④ 将 max 函数中的第 4、5 行合并写为一行,即

```
if (x>y) z=x; else z=y;
```

进行编译和运行,分析结果。

(7) 运行一个自己编写的程序。题目是主教材第 1 章的习题 1.3,即输入 a、b、c 3 个值,输出其中最大者。

① 输入自己编写的源程序。

② 检查程序有无错误(包括语法错误和逻辑错误),有则改之。

③ 编译和连接,仔细分析编译信息,如有错误应找出原因并修改。

④ 运行程序,输入数据,分析结果。

⑤ 自己修改程序(如故意改成错的),分析其编译和运行情况。

⑥ 将调试完成的程序保存在自己的用户目录中,文件名自定。

⑦ 将编辑窗口清空,再将该文件读入,检查编辑窗口中的内容是否是刚才存盘的程序。

⑧ 关闭所用的集成环境,用 Windows 中的"此电脑"找到刚才使用的用户子目录,浏览其中的文件,看有无刚才保存的后缀为.c 和.exe 的文件。

3. 预习内容

(1) 预习主教材第 1 章。

(2) 预习本书第三部分第 19 章和第 20 章。

23.2　实践 2　最简单的 C 语言程序设计——顺序程序设计

1. 实践目的

(1) 掌握 C 语言中使用最多的一种语句——赋值语句的使用方法。

(2) 掌握各种类型数据的输入/输出方法,能正确使用各种格式声明。

(3) 进一步掌握编写程序和调试程序的方法。

2. 实践内容

(1) 通过下面的程序掌握 C 语言的输入/输出方法,掌握各种类型数据所适用的格式声明。

① 输入下面的程序:

```
#include <stdio.h>
int main()
{
  int a, b;
  float d, e;
  char c1, c2;
  double f, g;
  long m, n;
  unsiguld int p,q;
  a=61; b=62;
  c1='a'; c2='b';
  d=3.56; e=-6.87;
  f=3157.890121; g=0.123456789;
  m=50000; n=-60000;
  p=32768; q=40000;
  printf ("a=%d, b=%d\nc1=%c, c2=%c\nd=%6.2f,e=%6.2f\n",a,b,c1,c2,d,e);
  printf ("f=%15.6f,g=%15.12f\nm=%ld, n=%ld\np=%u,q=%u\n", f,q,m,n,p,q);
  return 0;
}
```

② 运行此程序并分析结果。

③ 在此基础上将程序第 11～15 行改为：

```
c1=a; c2=b;
f=3157.890121;  g=0.123456789;
d=f; e=g;
p=a=m=50000; q=b=n=-60000;
```

运行程序并分析结果。

④ 改用 scanf 函数输入数据而不用赋值语句，scanf 函数如下：

```
scanf("%d,%d,%c,%c,%f,%f,%lf,%lf,%ld,%ld,%u,%u", &a,&b,&c1,&c2,&d,&e,&f,&g,
    &m,&n,&p,&q);
```

输入的数据如下：

61,62,a,b,3.56,-6.87,3157.890121,0.123456789,50000,-60000,37678,40000↙

分析运行结果。

（说明：lf 和 ld 格式符分别用于输入 double 型和 long 型数据。）

⑤ 在④的基础上将 printf 语句改为：

```
printf("a=%d,b=%d\nc1=%c,c2=%c\nd=%15.6f,e=%15.12f\n",a,b,c1,c2,d,e);
printf("f=%f,g=%f\nm=%d,n=%d\np=%d,q=%d\n",f,g,m,n,p,q);
```

运行程序。

⑥ 将 p、q 改用%o 格式符输出。

⑦ 将 scanf 函数中的%lf 和%ld 改为%f 和%d，运行程序并分析结果。

（2）按主教材习题 2.3 要求编写程序并上机运行。题目如下。

输入一个华氏温度，要求输出摄氏温度。公式为

$$c = \frac{5}{9}(F - 32)$$

输出要有文字说明，取 2 位小数。

① 输入已编写完成的程序并运行该程序，分析是否符合要求。

② 要求输出 3 位小数，对第 4 位小数四舍五入。

（3）按主教材习题 2.4 要求编写程序并上机运行。题目要求如下。

设圆半径 r 为 1.5，圆柱高 h 为 3，求圆周长、圆面积、圆球表面积、圆球体积、圆柱体积。用 scanf 函数输入数据，输出计算结果。输出时要有文字说明，取小数点后 2 位数字。

（4）按主教材习题 2.8 的要求编写程序，该题的要求如下。

要将 China 译成密码，密码规则是：用原来的字母后面第 4 个字母代替原来的字母。例如，字母 A 后面第 4 个字母是 E，用 E 代替 A，因此 China 应译为 Glmre。请编写一个程序，用赋初值的方法使 c1、c2、c3、c4、c5 这 5 个变量的值分别为'C'、'h'、'i'、'n'、'a'。经过运算，使 c1、c2、c3、c4、c5 的值分别改变为'G'、'l'、'm'、'r'、'e'，并输出。

① 输入已编写完成的程序并运行该程序，分析是否符合要求。

② 修改题目，将 c1、c2、c3、c4、c5 的初值分别设为'T'、'o'、'd'、'a'、'y'。对译码规律做以下

补充：W 用 A 代替，X 用 B 代替，Y 用 C 代替，Z 用 D 代替。修改程序并运行。

③ 将译码规律修改为：将一个字母被它前面第 4 个字母代替，例如，E 用 A 代替，Z 用 U 代替，D 用 Z 代替，C 用 Y 代替，B 用 X 代替，A 用 V 代替。修改程序并运行。

3. 预习内容

预习主教材第 2 章。

23.3 实践 3 选择结构程序设计

1. 实践目的

(1) 结合程序初步掌握一些简单的算法。

(2) 了解 C 语言表示逻辑量的方法（以 0 代表"假"，以非 0 代表"真"）。

(3) 学会正确使用逻辑运算符和逻辑表达式。

(4) 熟练掌握 if 语句的使用（包括 if 语句的嵌套）。

(5) 熟练掌握多分支选择语句——switch 语句。

(6) 进一步学习调试程序的方法。

2. 实践内容

本实践要求编写解决下面问题的程序，然后上机输入程序并调试运行程序。

(1) 有一函数：

$$y = \begin{cases} x & (x < 1) \\ 2x - 1 & (1 \leqslant x < 10) \\ 3x - 11 & (x \geqslant 10) \end{cases}$$

用 scanf 函数输入 x 的值，求 y 的值。

运行程序，输入 x 的值（分别为 $x < 1$、$1 \leqslant x < 10$、$x \geqslant 10$ 这 3 种情况），检查输出的 y 值是否正确。

（本题是主教材第 3 章习题 3.3。）

(2) 给出一个百分制成绩，要求输出成绩等级 A、B、C、D、E。90 分以上为 A，81~89 分为 B，70~79 分为 C，60~69 分为 D，60 分以下为 E。

（本题是主教材第 3 章习题 3.4。）

① 编写完成程序，要求分别用 if 语句和 switch 语句来实现。运行程序，并检查结果是否正确。

② 再运行一次程序，输入分数为负值（如 -70），这显然是输入时出错，不应给出等级，修改程序，使之能正确处理任何数据。当输入数据大于 100 或小于 0 时，通知用户"输入数据错误"，程序结束。

(3) 给出一个不多于 5 位的正整数。要求：①求出它是几位数；②分别输出每一位数字；③按逆序输出各位数字，例如原数为 321，应输出 123。

（本题是主教材第 3 章习题 3.5。）

应准备以下测试数据：

① 要处理的数为 1 位正整数；

② 要处理的数为 2 位正整数；

③ 要处理的数为 3 位正整数；

④ 要处理的数为 4 位正整数；

⑤ 要处理的数为 5 位正整数。

除此之外,程序还应当对不合法的输入做必要的处理,例如:

① 输入负数；

② 输入的数超过 5 位(如 123456)。

(4) 输入 4 个整数,要求按由小到大的顺序输出。

(本题是主教材第 3 章习题 3.7。)

在得到正确结果后,修改程序使之按由大到小的顺序输出。

3. 预习内容

预习主教材第 3 章。

23.4 实践 4 循环结构程序设计

1. 实践目的

(1) 熟练掌握用 while 语句、do…while 语句和 for 语句实现循环的方法。

(2) 掌握在程序设计中用循环的方法实现一些常用算法(如穷举、迭代、递推等)。

(3) 进一步学习调试程序。

2. 实践内容

编写程序并上机调试运行。

(1) 百鸡问题。

(本题是主教材第 4 章习题 4.3。)

① 请对公鸡、母鸡和小鸡所有的组合进行穷举,找出其中满足"百钱买百鸡"条件的组合。运行程序,分析结果。

② 利用已经给定的"百钱买百鸡"条件,减少穷举次数,再编写一个程序,并对两个程序进行比较。

(2) 猴子吃桃问题。

(本题是主教材第 4 章习题 4.4。)

① 请用反推法编程,并上机运行,分析运行结果。

② 将题目改为猴子每天吃了前一天剩下的一半后,再吃两个。请修改程序并运行,检查结果是否正确。

(3) 输入一行字符,分别统计出其中的英文字母、空格、数字和其他字符的个数。

(本题是主教材第 4 章习题 4.6。)

在得到正确结果后,请修改程序使之能分别统计出大小写字母、空格、数字和其他字符的个数。

(4) 两个乒乓球队比赛。

(本题是主教材第 4 章习题 4.12。)

3. 预习内容

预习主教材第4章。

23.5 实践5 利用数组(一)

1. 实践目的

(1) 掌握一维数组和二维数组的定义、赋值和输入/输出的方法。

(2) 掌握与数组有关的算法(特别是排序算法)。

2. 实践内容

编写程序并上机调试运行。

(1) 用选择法对10个整数进行排序。10个整数用scanf函数输入。

(本题是主教材第5章习题5.2。)

(2) 有一个已经排好序的数组,要求输入一个数后,按原来排序的规律将它插入数组中。

(本题是主教材第5章习题5.4。)

(3) 输出魔方阵。

(本题是主教材第5章习题5.7。)

*(4) 找出一个二维数组的鞍点。

(本题是主教材第5章习题5.8。)

① 假设二维数组为4行5列。用scanf函数从键盘输入数组各元素的值,检查结果是否正确。

需要至少准备以下两组测试数据。

(a) 二维数组有鞍点。例如:

```
  9    80   205   40
 90   -60    96    1
210    -3   101   89
```

(b) 二维数组没有鞍点。例如:

```
  9    80   205   40
 90   -60   196    1
210    -3   101   89
 45    54   156    7
```

② 如果已指定了数组的行数和列数,可以在程序中对数组元素赋初值,而不必用scanf函数。请读者修改程序以实现。

③ 修改程序,使之可以处理行数和列数不超过10的数组。具体的行数和列数在程序运行时由scanf函数输入。

3. 预习内容

预习主教材第5章。

23.6 实践 6 利用数组(二)

1. 实践目的

(1) 掌握一维数组和二维数组的定义、赋值和输入/输出的方法。

(2) 掌握与数组有关的算法。

(3) 掌握字符数组和字符串函数的使用方法。

2. 实践内容

(1) 将 15 个数字按由大到小的顺序存放在一个数组中,输入一个数字,要求用折半查找法找出该数字是数组中第几个元素的值。如果该数字不在数组中,则输出"无此数"。

(本题是主教材第 5 章习题 5.9。)

① 编写程序,运行程序。先后输入以下几种情况的数字。

(a) 要找的数字是中间位置上的数字(第 8 个数字)。

(b) 要找的数字是第 1 个数字。

(c) 要找的数字在数组中不存在。

② 修改程序,使之能输出经过多少次查找才找到的信息。

(2) 有一篇文章共有 3 行文字,每行有 80 个字符。要求分别统计出大写字母、小写字母、数字、空格以及其他字符的个数。

(本题是主教材第 5 章习题 5.10。)

(3) 有一行电文,已按下面规律译成密码:

A→Z a→z
B→Y b→y
C→X c→x
    ⋮

即第 1 个字母变成第 26 个字母,第 i 个字母变成第(26−i+1)个字母。非字母字符不变。要求编写程序将密码译回原文,并输出密码和原文。

(本题是主教材第 5 章习题 5.12。)

*(4) 编写一个程序,将字符数组 s2 中的全部字符复制到字符数组 s1 中。不用 strcpy 函数。复制时,'\0'也要复制过去,但'\0'后面的字符不再复制。

(本题是主教材第 5 章习题 5.15。)

(5) 输入 10 个国家名称,要求按字母顺序输出。

(本题是主教材第 5 章习题 5.16。)

3. 预习内容

预习主教材第 5 章

23.7　实践 7　函数调用(一)

1. 实践目的

(1) 掌握怎样定义和调用函数。

(2) 掌握怎样对函数进行声明。

(3) 掌握调用函数时实参与形参的对应关系,以及"值传递"的方式。

2. 实践内容

(1) 编写一个判断素数的函数,在主函数中输入一个整数,输出是否为素数的信息。

(本题是主教材第 6 章习题 6.3。)

本程序应当准备以下测试数据:17、34、2、1、0。分别运行并检查结果是否正确。

要求所编写的程序,主函数的位置在其他函数之前,在主函数中对其所调用的函数作声明。

① 输入程序,编译和运行程序,分析结果。

② 删除主函数的函数声明,再进行编译,分析编译结果。

③ 把主函数的位置改为在其他函数之后,在主函数中不含函数声明。

④ 保留判别素数的函数,修改主函数,要求实现输出 100～200 的素数。

(2) 编写一个函数,将一个字符串中的元音字母复制到另一个字符串中,然后输出。

(本题是主教材第 6 章习题 6.7。)

① 输入程序,编译和运行程序,分析结果。

② 用以下两种形式分析函数声明中参数的写法。

(a) 函数声明中参数的写法与定义函数时的形式不完全相同。如:

```
void cpy(char [],char c[]);
```

(b) 函数声明中参数的写法与定义函数时的形式不完全相同,省写了数组名。如:

```
void cpy(char s[],char []);
```

分别编译和运行程序,分析结果。

③ 思考形参数组为什么可以不指定数组的大小。如:

```
void cpy(char s[80],char [80])
```

是否可以随便指定数组的大小。如:

```
void cpy(char s[40],char [40])
```

请分别上机进行尝试。

(3) 编写一个函数,输入一行字符,输出此字符串中最长的单词。

(本题是主教材第 6 章习题 6.10。)

(4) 输入 10 个学生 5 门课程的成绩,分别用函数实现以下功能:

① 计算每个学生的平均分;

② 计算每门课程的平均分；

③ 找出所有 50 个分数中最高的分数所对应的学生和课程。

（本题是主教材第 6 章习题 6.12）。

3. 预习内容

预习主教材第 6 章。

23.8　实践 8　函数调用(二)

1. 实践目的

(1) 掌握函数嵌套调用的方法。

(2) 掌握利用递归函数实现递归算法。

(3) 了解全局变量和局部变量的概念与用法。

2. 实践内容

(1) 编写一个函数，用起泡法对输入的 10 个字符按由小到大的顺序排列。

（本题是主教材第 6 章习题 6.11。）

① 编写程序，输入程序，运行程序。

② 改为由大到小的顺序排列。

(2) 输入 4 个整数 a、b、c、d，要求找出其中最大的数。用函数的递归调用进行处理。

（本题是主教材第 6 章习题 6.14。）

① 输入程序，进行编译和运行，分析结果。

② 分析嵌套调用函数和递归调用函数在形式上与概念上的区别。在本例中既有嵌套调用也有递归调用，哪个属于嵌套调用？哪个属于递归调用？

③ 改用非递归方法处理此问题，编程并上机运行，对比分析两种方法的特点。

(3) 用递归法将一个整数 n 转换成字符串。例如，输入 483，应输出字符串"4 8 3"。n 的位数不确定，可以是任意位数的整数。

（本题是主教材第 6 章习题 6.15。）

① 只考虑 n 为正整数，运行程序。

② 考虑 n 可能为 0 或负整数的情况，也应能输出相应的信息。

(4) 编写两个函数，分别求两个整数的最大公约数和最小公倍数，用主函数调用这两个函数，并输出结果。两个整数由键盘输入。

（本题是主教材第 6 章习题 6.1。）

① 不用全局变量，分别用两个函数求出最大公约数和最小公倍数。两个整数在主函数中输入，并传送给函数 hcf，求出的最大公约数返回主函数，然后再与两个整数一起作为实参传递给函数 lcd，以求出最小公倍数，返回到主函数输出最大公约数和最小公倍数。

② 用全局变量的方法，分别用两个函数求最大公约数和最小公倍数，但其值不由函数带回。将最大公约数和最小公倍数都设为全局变量，在主函数中输出它们的值。

分别用以上两种方法编程并运行，进行分析对比。

3. 预习内容

预习主教材第 6 章。

23.9　实践 9　善用指针(一)

1. 实践目的

(1) 掌握指针和间接访问的概念,会定义和使用指针变量。

(2) 能正确使用数组的指针和指向数组的指针变量。

(3) 能正确使用字符串的指针和指向字符串的指针变量。

2. 实践内容

编写程序并上机调试运行以下程序(要求使用指针处理)。

(1) 输入 3 个整数,按由小到大的顺序输出,然后将程序改为输入 3 个字符串,按由小到大的顺序输出。

(本题是主教材第 7 章习题 7.1 和习题 7.2。)

① 编写一个程序,输入 3 个整数,按由小到大的顺序输出。运行此程序,分析结果。

② 将程序改为能处理输入 3 个字符串,按由小到大的顺序输出。运行此程序,分析结果。

③ 比较以上两个程序,分析处理整数与处理字符串有什么不同。例如:

(a) 怎样得到指向整数(或字符串)的指针?

(b) 怎样比较两个整数(或字符串)的大小?

(c) 怎样交换两个整数(或字符串)?

(2) 编写一个函数,求一个字符串的长度。在 main 函数中输入字符串,并输出其长度。

(本题是主教材第 7 章习题 7.6。)

在程序中分别按以下两种情况处理:

① 函数形参用指针变量;

② 函数形参用数组名。

分析比较,掌握其规律。

(3) 编写一个函数,将一个 3×3 的整型二维数组转置,即行列互换。

在主函数中用 scanf 函数输入以下数组元素:

```
 1   3   5
 7   9  11
13  15  19
```

将数组第 1 行第 1 列元素的地址作为函数实参,在执行函数的过程中实现行列互换,函数调用结束后在主函数中输出已转置的二维数组。

(本题是主教材第 7 章习题 7.10。)

请思考:

① 指向二维数组的指针,指向某一行的指针、指向某一元素的指针分别应该怎样表示?

② 怎样表示 i 行 j 列元素及其地址?

（4）将 n 个数按输入时顺序的逆序排列,用函数实现。

（本题是主教材第 7 章习题 7.13。）

① 在调用函数时用数组名作为函数实参。

② 函数实参改为用指向数组首元素的指针,形参不变。

③ 分析以上二者的异同。

3. 预习内容

预习主教材第 7 章。

23.10　实践 10　善用指针(二)

1. 实践目的

（1）进一步掌握指针的应用。

（2）能正确使用数组的指针和指向数组的指针变量。

（3）能正确使用字符串的指针和指向字符串的指针变量。

2. 实践内容

根据题目要求编写程序(要求用指针处理),运行程序,分析结果,并进行必要的讨论分析。

（1）有 n 个整数,使前面各数顺序向后移 m 个位置,最后 m 个数变成最前面 m 个数。编写一个函数实现以上功能,在主函数中输入 n 个整数和输出调整后的 n 个整数。

（本题是主教材第 7 章习题 7.4。）

（2）有 n 个人围成一圈,顺序排号。从第 1 个人开始按 1、2、3 报数,凡报到 3 的人退出圈子,问最后留下的是原来的第几号?

（本题是主教材第 7 章习题 7.5。）

（3）改写主教材第 7 章例 7.8 程序,将数组 a 中 n 个整数按相反顺序存放。要求用指针变量作为函数的实参。

（4）在主函数中输入 10 个等长的字符串,用另一个函数对它们进行排序,然后在主函数中输出已经排好序的字符串。

（本题是主教材第 7 章习题 7.12。）

① 根据要求,编写和运行程序,得到预期结果。

② 用指针数组处理上一题目,字符串不等长。（在主函数中输入 10 个等长的字符串,用另一个函数对它们进行排序,然后在主函数中输出已经排好序的字符串。）

3. 预习内容

预习主教材第 8 章。

23.11　实践 11　使用结构体

1. 实践目的

（1）掌握结构体类型变量的定义和使用。

（2）掌握结构体类型数组的概念和应用。

（3）了解链表的概念和操作方法。

2. 实践内容

编写程序,然后上机调试运行。

有 10 个学生,每个学生的数据包括学号、姓名、3 门课程的成绩。输入 10 个学生的数据,要求输出 3 门课程总平均成绩,以及最高分的学生的数据(包括学号、姓名、3 门课程的成绩、平均分数)。

(本题是主教材第 8 章习题 8.5。)

要求用一个 input 函数输入 10 个学生数据,用一个 average 函数求总平均分,用 max 函数找出最高分学生数据,总平均分和最高分的学生的数据都在主函数中输出。

3. 预习内容

预习主教材第 8 章。

23.12　实践 12　文件操作

1. 实践目的

（1）掌握文件以及缓冲文件系统、文件指针的概念。

（2）学会使用打开、关闭、读/写等文件操作函数。

（3）学会对文件进行简单的操作。

2. 实践内容

编写程序并上机调试运行。

（1）有 5 个学生,每个学生有 3 门课程的成绩。输入学生数据(包括学号、姓名、3 门课程的成绩),计算出平均成绩,将原有数据和计算出的平均成绩存放在磁盘文件 stud 中。

(本题是主教材第 9 章习题 9.3。)

设 5 名学生的学号、姓名和 3 门课程成绩如下:

99101	Wang	89,98,67.5
99103	Li	60,80,90
99106	Fan	75.5,91.5,99
99110	Lin	100,50,62.5
99113	Yuan	58,68,71

在向文件 stud 写入数据后,应检查验证 stud 文件中的内容是否正确。

（2）将 stud 文件中的学生数据按平均分进行排序处理,将已经排序的学生数据存入一个新文件 stu_sort 中。

(本题是主教材第 9 章习题 9.4。)

在向文件 stu_sort 写入数据后,应检查验证 stu_sort 文件中的内容是否正确。

＊（3）将已经完成排序的学生成绩文件进行插入处理,插入一个学生的 3 门课程成绩。程序先计算新插入学生的平均成绩,然后将它按成绩高低顺序插入,插入后建立一个新文件。

（本题是主教材第 9 章习题 9.5。）

要插入的学生数据为：

99108   Xin   90,95,60

在向新文件 stu_new 写入数据后，应检查验证 stu_new 文件中的内容是否正确。

3. 预习内容

预习主教材第 9 章。

参 考 文 献

[1] 谭浩强,谭亦峰,金莹. C 语言程序设计教程[M].北京:清华大学出版社,2020.

[2] 谭浩强.C 程序设计[M].5 版.北京:清华大学出版社,2018.

[3] 谭浩强.C 程序设计学习辅导[M].5 版.北京:清华大学出版社,2018.

[4] 谭浩强.C 程序设计教程[M].3 版.北京:清华大学出版社,2018.

[5] 谭浩强.C 程序设计教程学习辅导[M].3 版.北京:清华大学出版社,2018.

[6] 谭浩强.C 语言程序设计[M].3 版.北京:清华大学出版社,2017.

[7] 谭浩强.C 语言程序设计学习辅导[M].3 版.北京:清华大学出版社,2017.

[8] 谭浩强.C++ 程序设计[M].3 版.北京:清华大学出版社,2015.

[9] Brian W.Kernighan,Dennis M.Ritchie[M].The C Programming Language,Secord Edition,北京:机械
工业出版社,2007.

[10] Waite S.Prata.新编 C 语言大全[M].范植华,樊莹,译.北京:清华大学出版社,1994.

[11] Herbert Schildt.C 语言大全[M].2 版.戴健鹏,译.北京:电子工业出版社,1994.

[12] Herbert Schildt.ANSI C 标准详解[M].王曦若,李沛,译.北京:学苑出版社,1994.